# 袖珍木材材积表

本书编写组　编

时代出版传媒股份有限公司
安徽科学技术出版社

## 图书在版编目(CIP)数据

袖珍木材材积表 / 本书编写组编. --合肥:安徽科学技术出版社,1999.7(2025.1重印)

ISBN 978-7-5337-1137-5

Ⅰ. 袖… Ⅱ. 本… Ⅲ. 材积表 Ⅳ. S758.6

中国版本图书馆 CIP 数据核字(1999)第 25241 号

**袖珍木材材积表**      本书编写组 编

出 版 人:王筱文      责任编辑:叶兆恺
责任印制:梁东兵      封面设计:武 迪
出版发行:安徽科学技术出版社    http://www.ahstp.net
    (合肥市政务文化新区翡翠路 1118 号出版传媒广场,邮编:230071)
    电话:(0551)63533330
印    制:安徽联众印刷有限公司    电话:(0551)65661327
(如发现印装质量问题,影响阅读,请与印刷厂商联系调换)

开本:787×1092   1/64     印张:4.25     字数:299 千
版次:2025 年 1 月第 46 次印刷

ISBN 978-7-5337-1137-5           定价:10.80 元

## 本书编写组名单

**主编** 郑裕达 马 雁

**编者** （按节顺序排名）

郑裕达 沈云涛 马 雁 李剑虹 韩民尧

陈亚亭 钱雨辰 任 刚 李 杰 王秋月

蔡海涛 王晓东 刘原放

# 目　录

# 前言

拙作《袖珍木材材积表速算手册》自1991年问世以来，深受广大读者的厚爱和好评。这本书现在已经是第3版第39次印刷，并且荣获全国优秀畅销书奖，这是对我们极大的鼓励和鞭策。拙作的责任编辑告诉我们，经过图书市场调研表明：一本定价在10元钱左右，内容更加简明扼要的平装袖珍木材材积表，会得到广大农民兄弟的喜爱，并请我们再编写一本不超过300面的简写本。遵嘱我们收集了单根的原木材积表、杉原条材积表、圆材材积表、短圆材材积表、锯材材积表等，不做1根～9根展开编排，以期获得简明实用之效果。本书本着简明实用、低定价的原则编写,以适应广大读者需求,但愿我们的初衷成真。欢迎广大读者和专家、同行批评指正书中的不妥之处。

编者

# 原木材积表

　　原木包括直接用作支柱、支架的原木,高级建筑装修、装饰及各种特殊需要的优质原木、针叶树加工用原木、阔叶树加工用原木等。

　　本表是以国标 GB4814—84《原木材积表》为基础编制而成。表中的材积数值精确度与国标保持一致,即检尺径 4 cm～7 cm 的原木材积数值精确到小数点后第 4 位;检尺径自 8 cm 以上的原木材积数值保留 3 位小数。本表的可查范围:检尺长 2.0 m～10.0 m,检尺径 4 cm～170 cm。与国家标准相比,本表的可查范围扩大了。因为在国标中检尺长6.0 m～7.8 m 范围内,只能查到最大检尺径为 60 cm 的原木材积值;

检尺长 8.0 m～10.0 m 的范围内,可查的最大检尺径仅 40 cm,即检尺径在 40 cm 以上的原木材表在国标中无法解决。而本表将检尺长为 2.0 m～10.0 m 原木的可查检尺径范围全部扩大到 170 cm,以适应各界读者特点,也是从事木材进出口贸易业务人员的需要。另外,我们按照原木材积计算公式计算了检尺径 4 cm～40 cm 的单数厘米径级的材积,全部列在表中,也是为了满足木材产区和进口木材计算材积的需要。

**计算公式**

原木材积的计算公式如下:

(1)检尺径为 4 cm～12 cm 的小径原木材积

$$V=0.7854L(D+0.45L+0.2)^2\div10000$$

(2)检尺径自 14 cm 以上的原木材积

$$V=0.7854L[(D+0.5L+0.005L^2+0.000125L)(14-L)^2$$
$$(D-10)]^2\div10000$$

以上两式中,$V$ 为材积,$m^3$;$L$ 为检尺长,m;$D$ 为检尺径,cm。

**检尺长和检尺径的检量** *

(1)原木长度是在大头和小头的两端断面之间相距最短的地方取直检量的(图1),国标规定检尺径量至厘米,不足厘米的部分舍去。如果量得的实际长度小于原木标准规定的检尺长,但又不超过允许的下偏差,仍按标准规定的检尺长计算;如果超过下偏差,则按下一级检尺长计算。直接用原木和加工用原木的长级公差的上偏差为+6cm,下偏差为0cm。

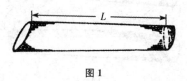

**图1**

---

* 这部分内容取材于国标 GB144.2—84,叙述中如有与国标相抵触的地方,以国标为准。

伐木时,原木根节一般留有斧口砍痕,如果经过进舍之后大头断面的短径大于或等于检尺径的话,原木的材长应从大头端部量起;如果大头短径小于检尺径,其材长就应该在让去小于检尺径的长度之处量取,具体检量方法如图2所示。另外,兜部砍成尖削的原木,材长自斧口的上缘量起。

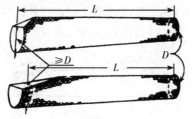

**图2**

如果原木端头打有水眼(扎排水眼),检量材长时应该让去水眼内侧至该端头的长度,即从大头水眼的内侧至小头水眼内侧之间的距离为检尺长,如图3所示。

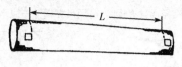

**图 3**

  (2)原木的检尺径(包括各种不正形的断面)是先通过小头断面的中心量取短径,然后通过短径的中心垂直方向量取长径。国标规定长径和短径均量至厘米为止,带皮的原木应该去除皮厚。如果原木的短径不足 26 cm,且长径与短径之差在 2 cm 以上;或短径在 26 cm 以上长短径之差在 4 cm 以上的原木,以原木的长径和短径的平均数,经进舍之后的数值作为检尺径。长短径之差小于上述规定的原木,均以短径经过进舍之后的尺寸为检尺径。检尺径以厘米为单位,量至厘米,不足 1 cm 的部分舍去。

  在量取(小头)下锯偏斜的原木的检尺径时,应将尺杆保持与材长成垂直的方位检量。小头因打水眼而让尺的原木或者实际长度超过检尺长的原木,其检尺径仍然在小头断面量取(图 4)。如果原木的小头断面

5

有外夹皮，量取检尺径通过夹皮时，可用尺杆横贴于原木表面检量(图5)。

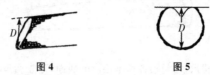

图4　　　　　　　　　　　图5

　　双心材、三心材以及中间细、两头膨大的原木，检尺径均在树干正常部位(最细处)量取。双丫树的两个干权，如在同一检尺长范围的原木，在一个较大断面量取检尺径；不在同一检尺范围的原木，则以较长干权的断面量取检尺径(图6)。两根干身连在一起的原木，应该分别检量尺寸。

　　未脱落的劈裂材(包括撞裂材)，不论其劈裂厚度大小，裂缝宽窄均按纵裂计算。在量取检尺径时，如需通过裂缝，则应该减去裂缝的垂直宽度。如果原木是小头的劈裂部分已脱落的劈裂材，其劈裂厚度不超过小头同方向原有直径10%的不计；超过10%的应该让尺，即让径级或长级。让径级时应先量短径，再通过短径垂直量取最长径，以长径和短径

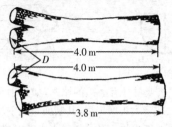

**图6**

的平均数,经过进舍后作为检尺径。让长级时,检尺径在让去部分劈裂长度后的检尺长部位检量(图7)。

大头已脱落的劈裂树,劈裂后所剩余部分的长短径平均数,经过进舍后不小于检尺径的不计;小于检尺径的以大头为检尺径,或者让去小于检尺径的劈裂长度。其检量方法与图7所示相同,但根节原木应扣除凸兜的肥大尺寸(图8)。大小头同时存在劈裂的原木,参照上述有关方法检量。

图7　　　　　　　　　图8

集材、运材中端头或材身有磨损的原木，如果小头磨损不超过同方向原有直径的10%；或者大头磨损后，其断面长短平均数经过进舍之后不小于检尺径，大小头磨损均不计。如果小头磨损超过10%，或者大头小于检尺径都应计让尺。

**使用说明**

本表最上方的项目栏（横栏）为原木的检尺长，从左至右逐渐增大；最左边的项目栏（纵栏）为检尺径，自上而下逐渐增大。例如要查出材长2.2m、检尺径40cm的原木材积，可先翻到P11，先从横栏中找到2.2，再从纵栏中找出40，横栏垂直线与纵栏水平线的交会点便是我们所要查的原木的材积数值0.309m³。

原木材积表 单位:m³

| 检尺长<br>检尺径 | 2.0 | 2.2 | 2.4 | 2.5 | 2.6 | 2.8 | 3.0 |
|---|---|---|---|---|---|---|---|
| 4 | 0.0041 | 0.0047 | 0.0053 | 0.0056 | 0.0059 | 0.0066 | 0.0073 |
| 5 | 0.0058 | 0.0066 | 0.0074 | 0.0079 | 0.0083 | 0.0092 | 0.0101 |
| 6 | 0.0079 | 0.0089 | 0.0100 | 0.0105 | 0.0111 | 0.0122 | 0.0134 |
| 7 | 0.0103 | 0.0116 | 0.0129 | 0.0136 | 0.0143 | 0.0157 | 0.0172 |
| 8 | 0.013 | 0.015 | 0.016 | 0.017 | 0.018 | 0.020 | 0.021 |
| 9 | 0.016 | 0.018 | 0.020 | 0.021 | 0.022 | 0.024 | 0.026 |
| 10 | 0.019 | 0.022 | 0.024 | 0.025 | 0.026 | 0.029 | 0.031 |
| 11 | 0.023 | 0.026 | 0.028 | 0.030 | 0.031 | 0.034 | 0.037 |
| 12 | 0.027 | 0.030 | 0.033 | 0.035 | 0.037 | 0.040 | 0.043 |
| 13 | 0.031 | 0.035 | 0.039 | 0.041 | 0.043 | 0.047 | 0.051 |
| 14 | 0.036 | 0.040 | 0.045 | 0.047 | 0.049 | 0.054 | 0.058 |
| 15 | 0.041 | 0.046 | 0.051 | 0.053 | 0.056 | 0.061 | 0.066 |

原木材积表　　　　　　　　　　　　　　　　　　单位：m³

| 检尺长<br>检尺径 | 2.0 | 2.2 | 2.4 | 2.5 | 2.6 | 2.8 | 3.0 |
|---|---|---|---|---|---|---|---|
| 16 | 0.047 | 0.052 | 0.058 | 0.060 | 0.063 | 0.069 | 0.075 |
| 17 | 0.052 | 0.058 | 0.065 | 0.068 | 0.071 | 0.077 | 0.084 |
| 18 | 0.059 | 0.065 | 0.072 | 0.076 | 0.079 | 0.086 | 0.093 |
| 19 | 0.065 | 0.072 | 0.080 | 0.084 | 0.088 | 0.095 | 0.103 |
| 20 | 0.072 | 0.080 | 0.088 | 0.092 | 0.097 | 0.105 | 0.114 |
| 21 | 0.079 | 0.088 | 0.097 | 0.101 | 0.106 | 0.116 | 0.125 |
| 22 | 0.086 | 0.096 | 0.106 | 0.111 | 0.116 | 0.126 | 0.137 |
| 23 | 0.094 | 0.105 | 0.115 | 0.121 | 0.126 | 0.138 | 0.149 |
| 24 | 0.102 | 0.114 | 0.125 | 0.131 | 0.137 | 0.149 | 0.161 |
| 25 | 0.111 | 0.123 | 0.136 | 0.142 | 0.149 | 0.161 | 0.175 |
| 26 | 0.120 | 0.133 | 0.146 | 0.153 | 0.160 | 0.174 | 0.188 |
| 27 | 0.129 | 0.143 | 0.158 | 0.165 | 0.172 | 0.187 | 0.203 |
| 28 | 0.138 | 0.154 | 0.169 | 0.177 | 0.185 | 0.201 | 0.217 |
| 29 | 0.148 | 0.164 | 0.181 | 0.190 | 0.198 | 0.215 | 0.232 |
| 30 | 0.158 | 0.176 | 0.193 | 0.202 | 0.211 | 0.230 | 0.248 |

原木材积表 单位：m³

| 检尺径＼检尺长 | 2.0 | 2.2 | 2.4 | 2.5 | 2.6 | 2.8 | 3.0 |
|---|---|---|---|---|---|---|---|
| 31 | 0.169 | 0.187 | 0.206 | 0.216 | 0.225 | 0.245 | 0.264 |
| 32 | 0.180 | 0.199 | 0.219 | 0.230 | 0.240 | 0.260 | 0.281 |
| 33 | 0.191 | 0.212 | 0.233 | 0.244 | 0.255 | 0.276 | 0.298 |
| 34 | 0.202 | 0.224 | 0.247 | 0.258 | 0.270 | 0.293 | 0.316 |
| 35 | 0.214 | 0.238 | 0.261 | 0.273 | 0.285 | 0.310 | 0.335 |
| 36 | 0.226 | 0.251 | 0.276 | 0.289 | 0.302 | 0.327 | 0.353 |
| 37 | 0.239 | 0.265 | 0.291 | 0.305 | 0.318 | 0.345 | 0.373 |
| 38 | 0.252 | 0.279 | 0.307 | 0.321 | 0.335 | 0.364 | 0.393 |
| 39 | 0.265 | 0.294 | 0.323 | 0.338 | 0.353 | 0.385 | 0.413 |
| 40 | 0.278 | 0.309 | 0.340 | 0.355 | 0.371 | 0.402 | 0.434 |
| 42 | 0.306 | 0.340 | 0.374 | 0.391 | 0.408 | 0.442 | 0.477 |
| 44 | 0.336 | 0.372 | 0.409 | 0.428 | 0.447 | 0.484 | 0.522 |
| 46 | 0.367 | 0.406 | 0.447 | 0.467 | 0.487 | 0.528 | 0.570 |
| 48 | 0.399 | 0.442 | 0.486 | 0.508 | 0.530 | 0.574 | 0.619 |
| 50 | 0.432 | 0.479 | 0.526 | 0.550 | 0.574 | 0.622 | 0.671 |

| 检尺长<br>检尺径 | 2.0 | 2.2 | 2.4 | 2.5 | 2.6 | 2.8 | 3.0 |
|---|---|---|---|---|---|---|---|
| 52 | 0.467 | 0.518 | 0.569 | 0.594 | 0.620 | 0.672 | 0.724 |
| 54 | 0.503 | 0.558 | 0.613 | 0.640 | 0.668 | 0.724 | 0.780 |
| 56 | 0.541 | 0.599 | 0.658 | 0.688 | 0.718 | 0.777 | 0.838 |
| 58 | 0.580 | 0.642 | 0.705 | 0.737 | 0.769 | 0.833 | 0.898 |
| 60 | 0.620 | 0.687 | 0.754 | 0.788 | 0.822 | 0.890 | 0.959 |
| 62 | 0.661 | 0.733 | 0.804 | 0.841 | 0.877 | 0.950 | 1.023 |
| 64 | 0.704 | 0.780 | 0.857 | 0.895 | 0.934 | 1.011 | 1.089 |
| 66 | 0.749 | 0.829 | 0.910 | 0.951 | 0.992 | 1.074 | 1.157 |
| 68 | 0.794 | 0.880 | 0.966 | 1.009 | 1.052 | 1.140 | 1.227 |
| 70 | 0.841 | 0.931 | 1.022 | 1.068 | 1.114 | 1.207 | 1.300 |
| 72 | 0.890 | 0.985 | 1.081 | 1.129 | 1.178 | 1.276 | 1.374 |
| 74 | 0.939 | 1.040 | 1.141 | 1.192 | 1.244 | 1.347 | 1.450 |
| 76 | 0.990 | 1.096 | 1.203 | 1.257 | 1.311 | 1.419 | 1.528 |
| 78 | 1.043 | 1.154 | 1.267 | 1.323 | 1.380 | 1.494 | 1.609 |
| 80 | 1.096 | 1.214 | 1.332 | 1.391 | 1.451 | 1.571 | 1.691 |

原木材积表　　　　　　　　　　　　　　　　单位：m³

| 检尺长<br>检尺径 | 2.0 | 2.2 | 2.4 | 2.5 | 2.6 | 2.8 | 3.0 |
|---|---|---|---|---|---|---|---|
| 82 | 1.151 | 1.274 | 1.399 | 1.461 | 1.523 | 1.649 | 1.776 |
| 84 | 1.208 | 1.337 | 1.467 | 1.532 | 1.598 | 1.730 | 1.862 |
| 86 | 1.265 | 1.401 | 1.537 | 1.605 | 1.674 | 1.812 | 1.951 |
| 88 | 1.325 | 1.466 | 1.609 | 1.680 | 1.752 | 1.896 | 2.042 |
| 90 | 1.385 | 1.533 | 1.682 | 1.757 | 1.832 | 1.983 | 2.134 |
| 92 | 1.447 | 1.601 | 1.757 | 1.835 | 1.913 | 2.071 | 2.229 |
| 94 | 1.510 | 1.671 | 1.833 | 1.915 | 1.997 | 2.161 | 2.326 |
| 96 | 1.574 | 1.742 | 1.911 | 1.996 | 2.082 | 2.253 | 2.425 |
| 98 | 1.640 | 1.815 | 1.991 | 2.080 | 2.169 | 2.347 | 2.526 |
| 100 | 1.707 | 1.889 | 2.073 | 2.165 | 2.257 | 2.443 | 2.629 |
| 102 | 1.776 | 1.965 | 2.156 | 2.252 | 2.348 | 2.540 | 2.734 |
| 104 | 1.846 | 2.042 | 2.240 | 2.340 | 2.440 | 2.640 | 2.841 |
| 106 | 1.917 | 2.121 | 2.327 | 2.430 | 2.534 | 2.742 | 2.950 |
| 108 | 1.990 | 2.202 | 2.415 | 2.522 | 2.629 | 2.845 | 3.062 |
| 110 | 2.064 | 2.283 | 2.504 | 2.615 | 2.727 | 2.950 | 3.175 |

原木材积表 单位：m³

| 检尺长<br>检尺径 | 2.0 | 2.2 | 2.4 | 2.5 | 2.6 | 2.8 | 3.0 |
|---|---|---|---|---|---|---|---|
| 112 | 2.139 | 2.367 | 2.596 | 2.711 | 2.826 | 3.058 | 3.290 |
| 114 | 2.216 | 2.451 | 2.688 | 2.808 | 2.927 | 3.167 | 3.408 |
| 116 | 2.294 | 2.537 | 2.783 | 2.906 | 3.030 | 3.278 | 3.527 |
| 118 | 2.373 | 2.625 | 2.879 | 3.007 | 3.135 | 3.391 | 3.649 |
| 120 | 2.454 | 2.714 | 2.977 | 3.109 | 3.241 | 3.506 | 3.773 |
| 122 | 2.536 | 2.805 | 3.076 | 3.212 | 3.349 | 3.623 | 3.898 |
| 124 | 2.619 | 2.897 | 3.177 | 3.318 | 3.459 | 3.742 | 4.026 |
| 126 | 2.704 | 2.991 | 3.280 | 3.425 | 3.571 | 3.863 | 4.156 |
| 128 | 2.790 | 3.086 | 3.384 | 3.534 | 3.684 | 3.985 | 4.288 |
| 130 | 2.877 | 3.183 | 3.490 | 3.645 | 3.799 | 4.110 | 4.422 |
| 132 | 2.966 | 3.281 | 3.598 | 3.757 | 3.916 | 4.236 | 4.558 |
| 134 | 3.056 | 3.380 | 3.707 | 3.871 | 4.035 | 4.365 | 4.696 |
| 136 | 3.148 | 3.482 | 3.818 | 3.986 | 4.156 | 4.495 | 4.836 |
| 138 | 3.240 | 3.584 | 3.930 | 4.104 | 4.278 | 4.627 | 4.978 |
| 140 | 3.335 | 3.688 | 4.044 | 4.223 | 4.402 | 4.762 | 5.122 |

原木材积表　　　　　　　　　　　　　　单位：m³

| 检尺长<br>检尺径 | 2.0 | 2.2 | 2.4 | 2.5 | 2.6 | 2.8 | 3.0 |
|---|---|---|---|---|---|---|---|
| 142 | 3.430 | 3.794 | 4.160 | 4.344 | 4.528 | 4.898 | 5.269 |
| 144 | 3.527 | 3.901 | 4.277 | 4.466 | 4.656 | 5.036 | 5.417 |
| 146 | 3.625 | 4.010 | 4.396 | 4.590 | 4.785 | 5.176 | 5.567 |
| 148 | 3.725 | 4.120 | 4.517 | 4.716 | 4.916 | 5.317 | 5.720 |
| 150 | 3.826 | 4.231 | 4.639 | 4.844 | 5.049 | 5.461 | 5.874 |
| 152 | 3.928 | 4.344 | 4.763 | 4.973 | 5.184 | 5.607 | 6.031 |
| 154 | 4.032 | 4.459 | 4.889 | 5.104 | 5.321 | 5.754 | 6.190 |
| 156 | 4.136 | 4.692 | 5.016 | 5.237 | 5.459 | 5.904 | 6.350 |
| 158 | 4.243 | 4.757 | 5.144 | 5.371 | 5.599 | 6.055 | 6.513 |
| 160 | 4.350 | 4.811 | 5.275 | 5.508 | 5.741 | 6.209 | 6.678 |
| 162 | 4.210 | 4.932 | 5.407 | 5.645 | 5.884 | 6.364 | 6.845 |
| 164 | 4.314 | 5.054 | 5.541 | 5.785 | 6.030 | 6.521 | 7.014 |
| 166 | 4.419 | 5.177 | 5.622 | 5.926 | 6.177 | 6.680 | 7.185 |
| 168 | 4.525 | 5.302 | 5.813 | 6.069 | 6.326 | 6.841 | 7.358 |
| 170 | 4.633 | 5.429 | 5.951 | 6.214 | 6.477 | 7.004 | 7.533 |

原木材积表 单位:m³

| 检尺长 检尺径 | 3.2 | 3.4 | 3.5 | 3.6 | 3.8 | 4.0 | 4.2 |
|---|---|---|---|---|---|---|---|
| 4 | 0.0080 | 0.0088 | 0.0092 | 0.0096 | 0.0104 | 0.0113 | 0.0122 |
| 5 | 0.0111 | 0.0121 | 0.0126 | 0.0132 | 0.0143 | 0.0154 | 0.0166 |
| 6 | 0.0147 | 0.0160 | 0.0166 | 0.0173 | 0.0187 | 0.0201 | 0.0216 |
| 7 | 0.0188 | 0.0204 | 0.0212 | 0.0220 | 0.0237 | 0.0254 | 0.0273 |
| 8 | 0.023 | 0.025 | 0.026 | 0.027 | 0.029 | 0.031 | 0.034 |
| 9 | 0.028 | 0.031 | 0.032 | 0.033 | 0.036 | 0.038 | 0.041 |
| 10 | 0.034 | 0.037 | 0.038 | 0.040 | 0.042 | 0.045 | 0.048 |
| 11 | 0.040 | 0.043 | 0.045 | 0.046 | 0.050 | 0.053 | 0.057 |
| 12 | 0.047 | 0.050 | 0.052 | 0.054 | 0.058 | 0.062 | 0.065 |
| 13 | 0.055 | 0.059 | 0.061 | 0.064 | 0.068 | 0.073 | 0.078 |
| 14 | 0.063 | 0.068 | 0.070 | 0.073 | 0.078 | 0.083 | 0.089 |
| 15 | 0.072 | 0.077 | 0.080 | 0.083 | 0.088 | 0.094 | 0.100 |

原木材积表 单位：m³

| 检尺长<br>检尺径 | 3.2 | 3.4 | 3.5 | 3.6 | 3.8 | 4.0 | 4.2 |
|---|---|---|---|---|---|---|---|
| 16 | 0.081 | 0.087 | 0.090 | 0.093 | 0.100 | 0.106 | 0.113 |
| 17 | 0.091 | 0.097 | 0.101 | 0.104 | 0.111 | 0.119 | 0.126 |
| 18 | 0.101 | 0.108 | 0.112 | 0.116 | 0.124 | 0.132 | 0.140 |
| 19 | 0.112 | 0.120 | 0.124 | 0.128 | 0.137 | 0.146 | 0.155 |
| 20 | 0.123 | 0.132 | 0.137 | 0.141 | 0.151 | 0.160 | 0.170 |
| 21 | 0.135 | 0.145 | 0.150 | 0.155 | 0.165 | 0.175 | 0.188 |
| 22 | 0.147 | 0.158 | 0.164 | 0.169 | 0.180 | 0.191 | 0.203 |
| 23 | 0.160 | 0.172 | 0.178 | 0.184 | 0.196 | 0.208 | 0.220 |
| 24 | 0.174 | 0.186 | 0.193 | 0.199 | 0.212 | 0.225 | 0.239 |
| 25 | 0.188 | 0.202 | 0.208 | 0.215 | 0.229 | 0.243 | 0.258 |
| 26 | 0.203 | 0.217 | 0.225 | 0.232 | 0.247 | 0.262 | 0.277 |
| 27 | 0.218 | 0.233 | 0.241 | 0.249 | 0.265 | 0.281 | 0.298 |
| 28 | 0.234 | 0.250 | 0.259 | 0.267 | 0.284 | 0.302 | 0.319 |
| 29 | 0.250 | 0.268 | 0.277 | 0.286 | 0.304 | 0.322 | 0.341 |
| 30 | 0.267 | 0.286 | 0.295 | 0.305 | 0.324 | 0.344 | 0.364 |

原木材积表 单位：m³

| 检尺长<br>检尺径 | 3.2 | 3.4 | 3.5 | 3.6 | 3.8 | 4.0 | 4.2 |
|---|---|---|---|---|---|---|---|
| 31 | 0.284 | 0.304 | 0.314 | 0.325 | 0.345 | 0.366 | 0.387 |
| 32 | 0.302 | 0.324 | 0.334 | 0.345 | 0.367 | 0.389 | 0.411 |
| 33 | 0.321 | 0.343 | 0.355 | 0.366 | 0.389 | 0.412 | 0.436 |
| 34 | 0.340 | 0.364 | 0.376 | 0.388 | 0.412 | 0.437 | 0.461 |
| 35 | 0.359 | 0.385 | 0.397 | 0.410 | 0.436 | 0.462 | 0.488 |
| 36 | 0.380 | 0.406 | 0.420 | 0.433 | 0.460 | 0.487 | 0.515 |
| 37 | 0.400 | 0.428 | 0.442 | 0.456 | 0.485 | 0.514 | 0.542 |
| 38 | 0.422 | 0.451 | 0.466 | 0.481 | 0.510 | 0.541 | 0.571 |
| 39 | 0.443 | 0.474 | 0.490 | 0.505 | 0.537 | 0.568 | 0.600 |
| 40 | 0.466 | 0.498 | 0.514 | 0.531 | 0.564 | 0.597 | 0.630 |
| 42 | 0.512 | 0.548 | 0.565 | 0.583 | 0.619 | 0.656 | 0.692 |
| 44 | 0.561 | 0.599 | 0.619 | 0.638 | 0.678 | 0.717 | 0.757 |
| 46 | 0.612 | 0.654 | 0.675 | 0.696 | 0.739 | 0.782 | 0.825 |
| 48 | 0.665 | 0.710 | 0.733 | 0.756 | 0.802 | 0.849 | 0.896 |
| 50 | 0.720 | 0.769 | 0.794 | 0.819 | 0.869 | 0.919 | 0.969 |

原木材积表　　　　　　　　　单位:m³

| 检尺长\检尺径 | 3.2 | 3.4 | 3.5 | 3.6 | 3.8 | 4.0 | 4.2 |
|---|---|---|---|---|---|---|---|
| 52 | 0.777 | 0.830 | 0.857 | 0.884 | 0.938 | 0.992 | 1.046 |
| 54 | 0.837 | 0.894 | 0.923 | 0.951 | 1.009 | 1.067 | 1.125 |
| 56 | 0.899 | 0.960 | 0.991 | 1.021 | 1.083 | 1.145 | 1.208 |
| 58 | 0.963 | 1.028 | 1.061 | 1.094 | 1.160 | 1.226 | 1.293 |
| 60 | 1.029 | 1.099 | 1.134 | 1.169 | 1.239 | 1.310 | 1.381 |
| 62 | 1.097 | 1.172 | 1.209 | 1.246 | 1.321 | 1.397 | 1.472 |
| 64 | 1.168 | 1.247 | 1.287 | 1.326 | 1.406 | 1.486 | 1.566 |
| 66 | 1.241 | 1.325 | 1.367 | 1.409 | 1.493 | 1.578 | 1.663 |
| 68 | 1.316 | 1.405 | 1.449 | 1.494 | 1.583 | 1.673 | 1.763 |
| 70 | 1.393 | 1.487 | 1.534 | 1.581 | 1.676 | 1.771 | 1.866 |
| 72 | 1.473 | 1.572 | 1.621 | 1.671 | 1.771 | 1.872 | 1.972 |
| 74 | 1.554 | 1.659 | 1.711 | 1.764 | 1.869 | 1.975 | 2.080 |
| 76 | 1.638 | 1.748 | 1.803 | 1.859 | 1.969 | 2.081 | 2.192 |
| 78 | 1.724 | 1.840 | 1.898 | 1.956 | 2.073 | 2.189 | 2.306 |
| 80 | 1.812 | 1.934 | 1.995 | 2.056 | 2.178 | 2.301 | 2.424 |

原木材积表 单位:m³

| 检尺长<br>检尺径 | 3.2 | 3.4 | 3.5 | 3.6 | 3.8 | 4.0 | 4.2 |
|---|---|---|---|---|---|---|---|
| 82 | 1.903 | 2.030 | 2.094 | 2.158 | 2.287 | 2.415 | 2.544 |
| 84 | 1.995 | 2.129 | 2.196 | 2.263 | 2.398 | 2.532 | 2.667 |
| 86 | 2.090 | 2.230 | 2.300 | 2.371 | 2.511 | 2.652 | 2.793 |
| 88 | 2.187 | 2.334 | 2.407 | 2.480 | 2.627 | 2.775 | 2.992 |
| 90 | 2.287 | 2.439 | 2.516 | 2.593 | 2.746 | 2.900 | 3.054 |
| 92 | 2.388 | 2.548 | 2.627 | 2.707 | 2.868 | 3.028 | 3.189 |
| 94 | 2.492 | 2.658 | 2.741 | 2.825 | 2.992 | 3.159 | 3.327 |
| 96 | 2.598 | 2.771 | 2.858 | 2.945 | 3.119 | 3.293 | 3.467 |
| 98 | 2.706 | 2.886 | 2.976 | 3.067 | 3.248 | 3.429 | 3.611 |
| 100 | 2.816 | 3.004 | 3.098 | 3.192 | 3.380 | 3.569 | 3.757 |
| 102 | 2.928 | 3.123 | 3.221 | 3.319 | 3.515 | 3.711 | 3.907 |
| 104 | 3.043 | 3.246 | 3.347 | 3.449 | 3.652 | 3.855 | 4.059 |
| 106 | 3.160 | 3.370 | 3.475 | 3.581 | 3.792 | 4.003 | 4.214 |
| 108 | 3.279 | 3.497 | 3.606 | 3.716 | 3.934 | 4.153 | 4.372 |
| 110 | 3.400 | 3.626 | 3.740 | 3.853 | 4.080 | 4.306 | 4.533 |

原木材积表　　　　　　　　　　　　　　　　单位:m³

| 检尺长<br>检尺径 | 3.2 | 3.4 | 3.5 | 3.6 | 3.8 | 4.0 | 4.2 |
|---|---|---|---|---|---|---|---|
| 112 | 3.524 | 3.758 | 3.875 | 3.992 | 4.227 | 4.462 | 4.697 |
| 114 | 3.650 | 3.892 | 4.013 | 4.135 | 4.378 | 4.621 | 4.864 |
| 116 | 3.777 | 4.028 | 4.154 | 4.279 | 4.531 | 4.782 | 5.034 |
| 118 | 3.908 | 4.167 | 4.297 | 4.426 | 4.686 | 4.947 | 5.207 |
| 120 | 4.040 | 4.308 | 4.442 | 4.576 | 4.845 | 5.113 | 5.382 |
| 122 | 4.174 | 4.451 | 4.590 | 4.728 | 5.006 | 5.238 | 5.561 |
| 124 | 4.311 | 4.597 | 4.740 | 4.883 | 5.169 | 5.456 | 5.742 |
| 126 | 4.450 | 4.754 | 4.892 | 5.040 | 5.335 | 5.631 | 5.926 |
| 128 | 4.591 | 4.895 | 5.047 | 5.200 | 5.504 | 5.809 | 6.114 |
| 130 | 4.734 | 5.048 | 5.205 | 5.362 | 5.676 | 5.990 | 6.304 |
| 132 | 4.880 | 5.203 | 5.364 | 5.526 | 5.850 | 6.173 | 6.497 |
| 134 | 5.028 | 5.360 | 5.527 | 5.693 | 6.026 | 6.360 | 6.693 |
| 136 | 5.178 | 5.520 | 5.691 | 5.863 | 6.206 | 6.549 | 6.892 |
| 138 | 5.330 | 5.682 | 5.858 | 6.035 | 6.388 | 6.741 | 7.093 |
| 140 | 5.484 | 5.846 | 6.028 | 6.209 | 6.572 | 6.935 | 7.298 |

原木材积表                                          单位:m³

| 检尺长<br>检尺径 | 3.2 | 3.4 | 3.5 | 3.6 | 3.8 | 4.0 | 4.2 |
|---|---|---|---|---|---|---|---|
| 142 | 5.641 | 6.013 | 6.200 | 6.386 | 6.760 | 7.133 | 7.506 |
| 144 | 5.799 | 6.182 | 6.374 | 6.566 | 6.949 | 7.333 | 7.716 |
| 146 | 5.960 | 6.354 | 6.551 | 6.748 | 7.142 | 7.536 | 7.930 |
| 148 | 6.123 | 6.528 | 6.730 | 6.932 | 7.337 | 7.742 | 8.146 |
| 150 | 6.289 | 6.704 | 6.911 | 7.119 | 7.535 | 7.950 | 8.365 |
| 152 | 6.456 | 6.882 | 7.095 | 7.309 | 7.735 | 8.162 | 8.588 |
| 154 | 6.626 | 7.063 | 7.282 | 7.501 | 7.938 | 8.376 | 8.813 |
| 156 | 6.798 | 7.246 | 7.471 | 7.695 | 8.144 | 8.592 | 9.041 |
| 158 | 6.972 | 7.432 | 7.622 | 7.892 | 8.352 | 8.812 | 9.271 |
| 160 | 7.148 | 7.620 | 7.855 | 8.091 | 8.563 | 9.034 | 9.505 |
| 162 | 7.327 | 7.810 | 8.051 | 8.293 | 8.776 | 9.260 | 9.742 |
| 164 | 7.508 | 8.002 | 8.250 | 8.498 | 8.993 | 9.487 | 9.982 |
| 166 | 7.691 | 8.197 | 8.451 | 8.704 | 9.211 | 9.718 | 10.224 |
| 168 | 7.876 | 8.395 | 8.654 | 8.914 | 9.433 | 9.952 | 10.470 |
| 170 | 8.063 | 8.594 | 8.860 | 9.126 | 9.657 | 10.188 | 10.718 |

原木材积表　　　　　　单位：m³

| 检尺径＼检尺长 | 4.4 | 4.5 | 4.6 | 4.8 | 5.0 | 5.2 | 5.4 |
|---|---|---|---|---|---|---|---|
| 4 | 0.0132 | 0.0137 | 0.0142 | 0.0152 | 0.0163 | 0.0175 | 0.0186 |
| 5 | 0.0178 | 0.0184 | 0.0191 | 0.0204 | 0.0218 | 0.0232 | 0.0247 |
| 6 | 0.0231 | 0.0239 | 0.0247 | 0.0263 | 0.0280 | 0.0298 | 0.0316 |
| 7 | 0.0291 | 0.0301 | 0.0310 | 0.0330 | 0.0351 | 0.0372 | 0.0393 |
| 8 | 0.036 | 0.037 | 0.038 | 0.040 | 0.043 | 0.045 | 0.048 |
| 9 | 0.043 | 0.045 | 0.046 | 0.049 | 0.051 | 0.054 | 0.057 |
| 10 | 0.051 | 0.053 | 0.054 | 0.058 | 0.061 | 0.064 | 0.068 |
| 11 | 0.060 | 0.062 | 0.064 | 0.067 | 0.071 | 0.075 | 0.079 |
| 12 | 0.069 | 0.072 | 0.074 | 0.078 | 0.082 | 0.086 | 0.091 |
| 13 | 0.082 | 0.085 | 0.087 | 0.093 | 0.098 | 0.103 | 0.109 |
| 14 | 0.094 | 0.097 | 0.100 | 0.105 | 0.111 | 0.117 | 0.123 |
| 15 | 0.106 | 0.110 | 0.113 | 0.119 | 0.126 | 0.132 | 0.139 |

**原木材积表**
单位:m³

| 检尺长 / 检尺径 | 4.4 | 4.5 | 4.6 | 4.8 | 5.0 | 5.2 | 5.4 |
|---|---|---|---|---|---|---|---|
| 16 | 0.120 | 0.123 | 0.126 | 0.134 | 0.141 | 0.148 | 0.155 |
| 17 | 0.133 | 0.137 | 0.141 | 0.149 | 0.157 | 0.165 | 0.173 |
| 18 | 0.148 | 0.152 | 0.156 | 0.165 | 0.174 | 0.182 | 0.191 |
| 19 | 0.164 | 0.168 | 0.173 | 0.182 | 0.191 | 0.201 | 0.211 |
| 20 | 0.180 | 0.185 | 0.190 | 0.200 | 0.210 | 0.221 | 0.231 |
| 21 | 0.197 | 0.202 | 0.207 | 0.218 | 0.230 | 0.241 | 0.252 |
| 22 | 0.214 | 0.220 | 0.226 | 0.238 | 0.250 | 0.262 | 0.275 |
| 23 | 0.233 | 0.239 | 0.245 | 0.258 | 0.271 | 0.284 | 0.298 |
| 24 | 0.252 | 0.259 | 0.266 | 0.279 | 0.293 | 0.308 | 0.322 |
| 25 | 0.272 | 0.279 | 0.287 | 0.301 | 0.316 | 0.332 | 0.347 |
| 26 | 0.293 | 0.301 | 0.308 | 0.324 | 0.340 | 0.356 | 0.373 |
| 27 | 0.314 | 0.323 | 0.331 | 0.348 | 0.365 | 0.382 | 0.400 |
| 28 | 0.337 | 0.346 | 0.354 | 0.372 | 0.391 | 0.409 | 0.427 |
| 29 | 0.360 | 0.369 | 0.379 | 0.398 | 0.417 | 0.436 | 0.456 |
| 30 | 0.383 | 0.394 | 0.404 | 0.424 | 0.444 | 0.465 | 0.486 |

原木材积表                           单位：m³

| 检尺长<br>检尺径 | 4.4 | 4.5 | 4.6 | 4.8 | 5.0 | 5.2 | 5.4 |
|---|---|---|---|---|---|---|---|
| 31 | 0.408 | 0.419 | 0.429 | 0.451 | 0.473 | 0.494 | 0.516 |
| 32 | 0.433 | 0.445 | 0.456 | 0.479 | 0.502 | 0.525 | 0.548 |
| 33 | 0.459 | 0.471 | 0.483 | 0.507 | 0.532 | 0.556 | 0.580 |
| 34 | 0.486 | 0.499 | 0.511 | 0.537 | 0.562 | 0.588 | 0.614 |
| 35 | 0.514 | 0.527 | 0.540 | 0.567 | 0.594 | 0.621 | 0.648 |
| 36 | 0.542 | 0.556 | 0.570 | 0.598 | 0.626 | 0.655 | 0.683 |
| 37 | 0.571 | 0.586 | 0.601 | 0.630 | 0.660 | 0.690 | 0.720 |
| 38 | 0.601 | 0.617 | 0.632 | 0.663 | 0.694 | 0.725 | 0.757 |
| 39 | 0.632 | 0.648 | 0.664 | 0.697 | 0.729 | 0.762 | 0.795 |
| 40 | 0.663 | 0.680 | 0.697 | 0.731 | 0.765 | 0.800 | 0.834 |
| 42 | 0.729 | 0.747 | 0.766 | 0.803 | 0.840 | 0.877 | 0.915 |
| 44 | 0.797 | 0.817 | 0.837 | 0.877 | 0.918 | 0.959 | 0.999 |
| 46 | 0.868 | 0.890 | 0.912 | 0.955 | 0.999 | 1.043 | 1.088 |
| 48 | 0.942 | 0.966 | 0.990 | 1.037 | 1.084 | 1.132 | 1.180 |
| 50 | 1.020 | 1.045 | 1.071 | 1.122 | 1.173 | 1.224 | 1.276 |

原木材积表 单位:m³

| 检尺长\检尺径 | 4.4 | 4.5 | 4.6 | 4.8 | 5.0 | 5.2 | 5.4 |
|---|---|---|---|---|---|---|---|
| 52 | 1.100 | 1.128 | 1.155 | 1.210 | 1.265 | 1.320 | 1.375 |
| 54 | 1.184 | 1.213 | 1.242 | 1.301 | 1.360 | 1.419 | 1.478 |
| 56 | 1.270 | 1.302 | 1.333 | 1.396 | 1.459 | 1.522 | 1.586 |
| 58 | 1.360 | 1.393 | 1.427 | 1.494 | 1.561 | 1.629 | 1.696 |
| 60 | 1.452 | 1.488 | 1.524 | 1.595 | 1.667 | 1.739 | 1.811 |
| 62 | 1.548 | 1.586 | 1.624 | 1.700 | 1.776 | 1.853 | 1.929 |
| 64 | 1.647 | 1.687 | 1.728 | 1.808 | 1.889 | 1.970 | 2.051 |
| 66 | 1.749 | 1.791 | 1.834 | 1.920 | 2.005 | 2.091 | 2.177 |
| 68 | 1.854 | 1.899 | 1.944 | 2.034 | 2.125 | 2.216 | 2.306 |
| 70 | 1.961 | 2.009 | 2.057 | 2.152 | 2.248 | 2.344 | 2.439 |
| 72 | 2.072 | 2.123 | 2.173 | 2.274 | 2.375 | 2.476 | 2.576 |
| 74 | 2.186 | 2.239 | 2.292 | 2.399 | 2.505 | 2.611 | 2.717 |
| 76 | 2.303 | 2.359 | 2.415 | 2.527 | 2.638 | 2.750 | 2.862 |
| 78 | 2.424 | 2.482 | 2.541 | 2.658 | 2.775 | 2.893 | 3.010 |
| 80 | 2.547 | 2.608 | 2.670 | 2.793 | 2.916 | 3.039 | 3.162 |

原木材积表　　　　　　　　　　　単位：m³

| 检尺径＼检尺长 | 4.4 | 4.5 | 4.6 | 4.8 | 5.0 | 5.2 | 5.4 |
|---|---|---|---|---|---|---|---|
| 82 | 2.673 | 2.737 | 2.802 | 2.931 | 3.060 | 3.189 | 3.317 |
| 84 | 2.802 | 2.870 | 2.937 | 3.072 | 3.207 | 3.342 | 3.477 |
| 86 | 2.934 | 3.005 | 3.076 | 3.217 | 3.358 | 3.499 | 3.640 |
| 88 | 3.070 | 3.144 | 3.217 | 3.365 | 3.512 | 3.660 | 3.807 |
| 90 | 3.208 | 3.285 | 3.362 | 3.516 | 3.670 | 3.824 | 3.977 |
| 92 | 3.350 | 3.285 | 3.510 | 3.671 | 3.831 | 3.992 | 4.152 |
| 94 | 3.494 | 3.430 | 3.662 | 3.829 | 3.996 | 4.163 | 4.330 |
| 96 | 3.642 | 3.729 | 3.816 | 3.990 | 4.164 | 4.338 | 4.512 |
| 98 | 3.792 | 3.883 | 3.974 | 4.155 | 4.336 | 4.517 | 4.697 |
| 100 | 3.946 | 4.040 | 4.135 | 4.323 | 4.511 | 4.699 | 4.887 |
| 102 | 4.103 | 4.201 | 4.299 | 4.494 | 4.690 | 4.885 | 5.080 |
| 104 | 4.263 | 4.364 | 4.466 | 4.669 | 4.872 | 5.074 | 5.276 |
| 106 | 4.425 | 4.531 | 4.636 | 4.847 | 5.058 | 5.267 | 5.477 |
| 108 | 4.591 | 4.701 | 4.810 | 5.028 | 5.247 | 5.464 | 5.681 |
| 110 | 4.760 | 4.874 | 4.987 | 5.213 | 5.439 | 5.664 | 5.889 |

原木材积表 单位:m³

| 检尺径＼检尺长 | 4.4 | 4.5 | 4.6 | 4.8 | 5.0 | 5.2 | 5.4 |
|---|---|---|---|---|---|---|---|
| 112 | 4.932 | 5.050 | 5.167 | 5.401 | 5.635 | 5.868 | 6.101 |
| 114 | 5.107 | 5.229 | 5.350 | 5.592 | 5.834 | 6.076 | 6.316 |
| 116 | 5.285 | 5.411 | 5.536 | 5.787 | 6.037 | 6.287 | 6.536 |
| 118 | 5.466 | 5.596 | 5.726 | 5.985 | 6.244 | 6.502 | 6.759 |
| 120 | 5.651 | 5.785 | 5.919 | 6.186 | 6.453 | 6.720 | 6.985 |
| 122 | 5.838 | 5.976 | 6.115 | 6.391 | 6.667 | 6.942 | 7.216 |
| 124 | 6.028 | 6.171 | 6.314 | 6.599 | 6.884 | 7.167 | 7.450 |
| 126 | 6.222 | 6.369 | 6.516 | 6.810 | 7.104 | 7.396 | 7.688 |
| 128 | 6.418 | 6.570 | 6.722 | 7.025 | 7.327 | 7.629 | 7.930 |
| 130 | 6.617 | 6.774 | 6.931 | 7.243 | 7.555 | 7.865 | 8.175 |
| 132 | 6.820 | 6.981 | 7.142 | 7.464 | 7.785 | 8.105 | 8.424 |
| 134 | 7.025 | 7.192 | 7.358 | 7.689 | 8.019 | 8.349 | 8.677 |
| 136 | 7.234 | 7.405 | 7.576 | 7.917 | 8.257 | 8.596 | 8.934 |
| 138 | 7.446 | 7.622 | 7.797 | 8.148 | 8.498 | 8.847 | 9.194 |
| 140 | 7.660 | 7.841 | 8.022 | 8.383 | 8.742 | 9.101 | 9.458 |

原木材积表　　　　　　　　　　　　　　　　单位:m³

| 检尺长<br>检尺径 | 4.4 | 4.5 | 4.6 | 4.8 | 5.0 | 5.2 | 5.4 |
|---|---|---|---|---|---|---|---|
| 142 | 7.878 | 8.064 | 8.250 | 8.621 | 8.990 | 9.359 | 9.726 |
| 144 | 8.099 | 8.290 | 8.481 | 8.862 | 9.242 | 9.621 | 9.998 |
| 146 | 8.323 | 8.519 | 8.715 | 9.107 | 9.497 | 9.886 | 10.273 |
| 148 | 8.550 | 8.751 | 8.953 | 9.355 | 9.755 | 10.154 | 10.552 |
| 150 | 8.780 | 8.987 | 9.193 | 9.606 | 10.017 | 10.427 | 10.835 |
| 152 | 9.013 | 9.225 | 9.437 | 9.860 | 10.282 | 10.703 | 11.122 |
| 154 | 9.249 | 9.467 | 9.684 | 10.118 | 10.551 | 10.982 | 11.412 |
| 156 | 9.488 | 9.711 | 9.934 | 10.380 | 10.823 | 11.266 | 11.706 |
| 158 | 9.730 | 9.959 | 10.188 | 10.644 | 11.099 | 11.552 | 12.004 |
| 160 | 9.975 | 10.210 | 10.444 | 10.912 | 11.378 | 11.843 | 12.305 |
| 162 | 10.224 | 10.464 | 10.704 | 11.183 | 11.661 | 12.137 | 12.610 |
| 164 | 10.475 | 10.721 | 10.967 | 11.458 | 11.947 | 12.434 | 12.919 |
| 166 | 10.729 | 10.982 | 11.233 | 11.736 | 12.237 | 12.735 | 13.232 |
| 168 | 10.987 | 11.245 | 11.503 | 12.017 | 12.530 | 13.040 | 13.549 |
| 170 | 11.247 | 11.511 | 11.775 | 12.302 | 12.826 | 13.349 | 13.869 |

原木材积表                                     单位:m³

| 检尺长<br>检尺径 | 5.5 | 5.6 | 5.8 | 6.0 | 6.2 | 6.4 | 6.5 |
|---|---|---|---|---|---|---|---|
| 4 | 0.0192 | 0.0199 | 0.0211 | 0.0224 | 0.0238 | 0.0252 | 0.0259 |
| 5 | 0.0254 | 0.0262 | 0.0278 | 0.0294 | 0.0311 | 0.0328 | 0.0337 |
| 6 | 0.0325 | 0.0334 | 0.0354 | 0.0373 | 0.0394 | 0.0414 | 0.0425 |
| 7 | 0.0404 | 0.0416 | 0.0438 | 0.0462 | 0.0486 | 0.0511 | 0.0523 |
| 8 | 0.050 | 0.051 | 0.053 | 0.056 | 0.059 | 0.062 | 0.064 |
| 9 | 0.060 | 0.060 | 0.064 | 0.067 | 0.070 | 0.073 | 0.075 |
| 10 | 0.071 | 0.071 | 0.075 | 0.078 | 0.082 | 0.086 | 0.088 |
| 11 | 0.083 | 0.083 | 0.087 | 0.091 | 0.095 | 0.100 | 0.102 |
| 12 | 0.095 | 0.095 | 0.100 | 0.105 | 0.109 | 0.114 | 0.117 |
| 13 | 0.111 | 0.114 | 0.120 | 0.126 | 0.132 | 0.138 | 0.141 |
| 14 | 0.126 | 0.129 | 0.136 | 0.142 | 0.149 | 0.156 | 0.159 |
| 15 | 0.142 | 0.146 | 0.153 | 0.160 | 0.167 | 0.175 | 0.178 |

原木材积表　　　　　　　　　　　　　　单位:m³

| 检尺长<br>检尺径 | 5.5 | 5.6 | 5.8 | 6.0 | 6.2 | 6.4 | 6.5 |
|---|---|---|---|---|---|---|---|
| 16 | 0.159 | 0.163 | 0.171 | 0.179 | 0.187 | 0.195 | 0.199 |
| 17 | 0.177 | 0.181 | 0.190 | 0.198 | 0.207 | 0.216 | 0.220 |
| 18 | 0.196 | 0.201 | 0.210 | 0.219 | 0.229 | 0.238 | 0.243 |
| 19 | 0.216 | 0.221 | 0.231 | 0.241 | 0.251 | 0.262 | 0.267 |
| 20 | 0.236 | 0.242 | 0.253 | 0.264 | 0.275 | 0.286 | 0.292 |
| 21 | 0.258 | 0.264 | 0.276 | 0.288 | 0.300 | 0.312 | 0.318 |
| 22 | 0.281 | 0.287 | 0.300 | 0.313 | 0.326 | 0.339 | 0.345 |
| 23 | 0.304 | 0.311 | 0.325 | 0.339 | 0.352 | 0.367 | 0.374 |
| 24 | 0.329 | 0.336 | 0.351 | 0.366 | 0.380 | 0.396 | 0.403 |
| 25 | 0.354 | 0.362 | 0.378 | 0.394 | 0.410 | 0.426 | 0.434 |
| 26 | 0.381 | 0.389 | 0.406 | 0.423 | 0.440 | 0.457 | 0.465 |
| 27 | 0.408 | 0.417 | 0.435 | 0.453 | 0.471 | 0.489 | 0.498 |
| 28 | 0.437 | 0.446 | 0.465 | 0.484 | 0.503 | 0.522 | 0.532 |
| 29 | 0.466 | 0.476 | 0.496 | 0.516 | 0.536 | 0.557 | 0.567 |
| 30 | 0.496 | 0.507 | 0.528 | 0.549 | 0.571 | 0.592 | 0.603 |

原木材积表                                                    单位:m³

| 检尺长<br>检尺径 | 5.5 | 5.6 | 5.8 | 6.0 | 6.2 | 6.4 | 6.5 |
|---|---|---|---|---|---|---|---|
| 31 | 0.527 | 0.539 | 0.561 | 0.583 | 0.606 | 0.629 | 0.641 |
| 32 | 0.560 | 0.571 | 0.595 | 0.619 | 0.643 | 0.667 | 0.679 |
| 33 | 0.591 | 0.605 | 0.630 | 0.655 | 0.680 | 0.706 | 0.718 |
| 34 | 0.627 | 0.640 | 0.666 | 0.692 | 0.719 | 0.746 | 0.759 |
| 35 | 0.662 | 0.676 | 0.703 | 0.731 | 0.759 | 0.787 | 0.801 |
| 36 | 0.698 | 0.712 | 0.741 | 0.770 | 0.799 | 0.829 | 0.844 |
| 37 | 0.735 | 0.750 | 0.780 | 0.811 | 0.841 | 0.872 | 0.888 |
| 38 | 0.773 | 0.788 | 0.820 | 0.852 | 0.884 | 0.916 | 0.933 |
| 39 | 0.811 | 0.828 | 0.861 | 0.895 | 0.928 | 0.962 | 0.979 |
| 40 | 0.851 | 0.869 | 0.903 | 0.938 | 0.973 | 1.008 | 1.026 |
| 42 | 0.934 | 0.953 | 0.990 | 1.028 | 1.067 | 1.105 | 1.124 |
| 44 | 1.020 | 1.040 | 1.082 | 1.123 | 1.164 | 1.206 | 1.226 |
| 46 | 1.110 | 1.132 | 1.177 | 1.221 | 1.266 | 1.311 | 1.333 |
| 48 | 1.204 | 1.228 | 1.276 | 1.324 | 1.372 | 1.421 | 1.445 |
| 50 | 1.301 | 1.327 | 1.379 | 1.431 | 1.483 | 1.535 | 1.561 |

原木材积表　　　　　　　　　　　　　　　　　　　单位：m³

| 检尺长<br>检尺径 | 5.5 | 5.6 | 5.8 | 6.0 | 6.2 | 6.4 | 6.5 |
|---|---|---|---|---|---|---|---|
| 52 | 1.403 | 1.431 | 1.486 | 1.542 | 1.597 | 1.653 | 1.681 |
| 54 | 1.508 | 1.538 | 1.597 | 1.657 | 1.716 | 1.776 | 1.806 |
| 56 | 1.617 | 1.649 | 1.712 | 1.776 | 1.839 | 1.903 | 1.935 |
| 58 | 1.730 | 1.764 | 1.832 | 1.899 | 1.967 | 2.035 | 2.069 |
| 60 | 1.847 | 1.883 | 1.955 | 2.027 | 2.099 | 2.171 | 2.207 |
| 62 | 1.967 | 2.005 | 2.082 | 2.158 | 2.235 | 2.311 | 2.349 |
| 64 | 2.092 | 2.132 | 2.213 | 2.294 | 2.375 | 2.456 | 2.496 |
| 66 | 2.220 | 2.263 | 2.348 | 2.434 | 2.520 | 2.605 | 2.648 |
| 68 | 2.352 | 2.397 | 2.487 | 2.578 | 2.668 | 2.759 | 2.804 |
| 70 | 2.487 | 2.535 | 2.631 | 2.726 | 2.822 | 2.917 | 2.965 |
| 72 | 2.627 | 2.677 | 2.778 | 2.879 | 2.979 | 3.079 | 3.129 |
| 74 | 2.770 | 2.823 | 2.929 | 3.035 | 3.141 | 3.246 | 3.299 |
| 76 | 2.917 | 2.973 | 3.084 | 3.196 | 3.307 | 3.417 | 3.473 |
| 78 | 3.068 | 3.127 | 3.244 | 3.360 | 3.477 | 3.593 | 3.651 |
| 80 | 3.223 | 3.284 | 3.407 | 3.529 | 3.651 | 3.773 | 3.884 |

原木材积表      单位:m³

| 检尺长<br>检尺径 | 5.5 | 5.6 | 5.8 | 6.0 | 6.2 | 6.4 | 6.5 |
|---|---|---|---|---|---|---|---|
| 82 | 3.382 | 3.446 | 3.574 | 3.702 | 3.830 | 3.958 | 4.021 |
| 84 | 3.544 | 3.611 | 3.745 | 3.879 | 4.013 | 4.146 | 4.213 |
| 86 | 3.710 | 3.780 | 3.921 | 4.061 | 4.200 | 4.340 | 4.409 |
| 88 | 3.880 | 3.953 | 4.100 | 4.246 | 4.392 | 4.537 | 4.610 |
| 90 | 4.054 | 4.130 | 4.283 | 4.436 | 4.588 | 4.739 | 4.815 |
| 92 | 4.232 | 4.311 | 4.471 | 4.629 | 4.788 | 4.946 | 5.025 |
| 94 | 4.413 | 4.496 | 4.662 | 4.827 | 4.992 | 5.157 | 5.239 |
| 96 | 4.598 | 4.685 | 4.857 | 5.029 | 5.201 | 5.372 | 5.457 |
| 98 | 4.787 | 4.877 | 5.057 | 5.235 | 5.414 | 5.592 | 5.680 |
| 100 | 4.980 | 5.073 | 5.260 | 5.446 | 5.631 | 5.816 | 5.908 |
| 102 | 5.177 | 5.274 | 5.467 | 5.660 | 5.853 | 6.044 | 6.140 |
| 104 | 5.377 | 5.478 | 5.679 | 5.879 | 6.078 | 6.277 | 6.376 |
| 106 | 5.581 | 5.686 | 5.894 | 6.101 | 6.308 | 6.514 | 6.617 |
| 108 | 5.789 | 5.898 | 6.113 | 6.328 | 6.543 | 6.756 | 6.862 |
| 110 | 6.001 | 6.113 | 6.337 | 6.559 | 6.781 | 7.002 | 7.112 |

原木材积表 单位:m³

| 检尺径\检尺长 | 5.5 | 5.6 | 5.8 | 6.0 | 6.2 | 6.4 | 6.5 |
|---|---|---|---|---|---|---|---|
| 112 | 6.217 | 6.333 | 6.564 | 6.794 | 7.024 | 7.252 | 7.366 |
| 114 | 6.437 | 6.556 | 6.795 | 7.034 | 7.271 | 7.507 | 7.625 |
| 116 | 6.660 | 6.784 | 7.031 | 7.277 | 7.522 | 7.767 | 7.888 |
| 118 | 6.887 | 7.015 | 7.270 | 7.525 | 7.778 | 8.030 | 8.156 |
| 120 | 7.118 | 7.250 | 7.514 | 7.776 | 8.038 | 8.298 | 8.428 |
| 122 | 7.353 | 7.489 | 7.761 | 8.032 | 8.302 | 8.571 | 8.705 |
| 124 | 7.591 | 7.732 | 8.013 | 8.292 | 8.571 | 8.848 | 8.986 |
| 126 | 7.833 | 7.979 | 8.268 | 8.556 | 8.843 | 9.129 | 9.271 |
| 128 | 8.080 | 8.229 | 8.528 | 8.825 | 9.120 | 9.415 | 9.561 |
| 130 | 8.330 | 8.484 | 8.791 | 9.097 | 9.402 | 9.705 | 9.856 |
| 132 | 8.583 | 8.742 | 9.058 | 9.374 | 9.687 | 9.999 | 10.155 |
| 134 | 8.841 | 9.004 | 9.330 | 9.654 | 9.977 | 10.298 | 10.458 |
| 136 | 9.102 | 9.270 | 9.605 | 9.939 | 10.271 | 10.601 | 10.766 |
| 138 | 9.367 | 9.540 | 9.885 | 10.228 | 10.569 | 10.909 | 11.078 |
| 140 | 9.636 | 9.814 | 10.168 | 10.521 | 10.872 | 11.221 | 11.395 |

原木材积表                    单位：m³

| 检尺长 检尺径 | 5.5 | 5.6 | 5.8 | 6.0 | 6.2 | 6.4 | 6.5 |
|---|---|---|---|---|---|---|---|
| 142 | 9.909 | 10.092 | 10.456 | 10.818 | 11.179 | 11.538 | 11.716 |
| 144 | 10.186 | 10.373 | 10.747 | 11.120 | 11.490 | 11.859 | 12.042 |
| 146 | 10.466 | 10.659 | 11.043 | 11.425 | 11.806 | 12.184 | 12.372 |
| 148 | 10.750 | 10.948 | 11.342 | 11.735 | 12.125 | 12.514 | 12.707 |
| 150 | 11.038 | 11.241 | 11.646 | 12.049 | 12.449 | 12.848 | 13.046 |
| 152 | 11.330 | 11.539 | 11.954 | 12.367 | 12.778 | 13.186 | 13.390 |
| 154 | 11.626 | 11.839 | 12.265 | 12.689 | 13.110 | 13.529 | 13.738 |
| 156 | 11.925 | 12.144 | 12.581 | 13.015 | 13.447 | 13.876 | 14.090 |
| 158 | 12.229 | 12.453 | 12.900 | 13.345 | 13.788 | 14.228 | 14.447 |
| 160 | 12.536 | 12.766 | 13.224 | 13.680 | 14.133 | 14.584 | 14.809 |
| 162 | 12.847 | 13.082 | 13.551 | 14.018 | 14.483 | 14.945 | 15.175 |
| 164 | 13.161 | 13.402 | 13.883 | 14.361 | 14.837 | 15.310 | 15.545 |
| 166 | 13.480 | 13.727 | 14.219 | 14.708 | 15.195 | 15.679 | 15.920 |
| 168 | 13.802 | 14.055 | 14.558 | 15.059 | 15.557 | 16.053 | 16.299 |
| 170 | 14.128 | 14.387 | 14.902 | 15.414 | 15.924 | 16.431 | 16.683 |

## 原木材积表

单位:m³

| 检尺径＼检尺长 | 6.6 | 6.8 | 7.0 | 7.2 | 7.4 | 7.5 | 7.6 |
|---|---|---|---|---|---|---|---|
| 4 | 0.0266 | 0.0281 | 0.0297 | 0.0313 | 0.0330 | 0.0338 | 0.0347 |
| 5 | 0.0346 | 0.0364 | 0.0383 | 0.0403 | 0.0423 | 0.0433 | 0.0444 |
| 6 | 0.0436 | 0.0458 | 0.0481 | 0.0504 | 0.0528 | 0.0540 | 0.0552 |
| 7 | 0.0536 | 0.0562 | 0.0589 | 0.0616 | 0.0644 | 0.0659 | 0.0673 |
| 8 | 0.065 | 0.068 | 0.071 | 0.074 | 0.077 | 0.079 | 0.081 |
| 9 | 0.077 | 0.080 | 0.084 | 0.088 | 0.091 | 0.093 | 0.095 |
| 10 | 0.090 | 0.094 | 0.098 | 0.102 | 0.106 | 0.108 | 0.111 |
| 11 | 0.104 | 0.109 | 0.113 | 0.118 | 0.123 | 0.125 | 0.128 |
| 12 | 0.119 | 0.124 | 0.130 | 0.135 | 0.140 | 0.143 | 0.146 |
| 13 | 0.144 | 0.150 | 0.157 | 0.163 | 0.170 | 0.173 | 0.177 |
| 14 | 0.162 | 0.169 | 0.176 | 0.184 | 0.191 | 0.195 | 0.199 |
| 15 | 0.182 | 0.190 | 0.198 | 0.206 | 0.214 | 0.218 | 0.222 |

原木材积表　　　　　　　　　　　　　　　　　　单位:m³

| 检尺长<br>检尺径 | 6.6 | 6.8 | 7.0 | 7.2 | 7.4 | 7.5 | 7.6 |
|---|---|---|---|---|---|---|---|
| 16 | 0.203 | 0.211 | 0.220 | 0.229 | 0.238 | 0.242 | 0.247 |
| 17 | 0.225 | 0.234 | 0.243 | 0.253 | 0.263 | 0.267 | 0.272 |
| 18 | 0.248 | 0.258 | 0.268 | 0.278 | 0.289 | 0.294 | 0.300 |
| 19 | 0.272 | 0.283 | 0.294 | 0.305 | 0.317 | 0.322 | 0.328 |
| 20 | 0.298 | 0.309 | 0.321 | 0.333 | 0.345 | 0.351 | 0.358 |
| 21 | 0.324 | 0.337 | 0.350 | 0.362 | 0.375 | 0.382 | 0.389 |
| 22 | 0.352 | 0.365 | 0.379 | 0.393 | 0.407 | 0.414 | 0.421 |
| 23 | 0.381 | 0.395 | 0.410 | 0.425 | 0.439 | 0.447 | 0.455 |
| 24 | 0.411 | 0.426 | 0.442 | 0.457 | 0.473 | 0.481 | 0.489 |
| 25 | 0.442 | 0.458 | 0.475 | 0.492 | 0.508 | 0.517 | 0.526 |
| 26 | 0.474 | 0.491 | 0.509 | 0.527 | 0.545 | 0.554 | 0.563 |
| 27 | 0.507 | 0.526 | 0.545 | 0.563 | 0.583 | 0.592 | 0.602 |
| 28 | 0.542 | 0.561 | 0.581 | 0.601 | 0.621 | 0.632 | 0.642 |
| 29 | 0.577 | 0.598 | 0.619 | 0.640 | 0.662 | 0.672 | 0.683 |
| 30 | 0.614 | 0.636 | 0.658 | 0.681 | 0.703 | 0.714 | 0.726 |

原木材积表                          单位:m³

| 检尺长 检尺径 | 6.6 | 6.8 | 7.0 | 7.2 | 7.4 | 7.5 | 7.6 |
|---|---|---|---|---|---|---|---|
| 31 | 0.652 | 0.675 | 0.696 | 0.722 | 0.746 | 0.758 | 0.770 |
| 32 | 0.691 | 0.715 | 0.740 | 0.765 | 0.790 | 0.802 | 0.815 |
| 33 | 0.731 | 0.757 | 0.783 | 0.809 | 0.835 | 0.848 | 0.861 |
| 34 | 0.772 | 0.799 | 0.827 | 0.854 | 0.881 | 0.895 | 0.909 |
| 35 | 0.815 | 0.843 | 0.872 | 0.900 | 0.929 | 0.943 | 0.959 |
| 36 | 0.858 | 0.888 | 0.918 | 0.948 | 0.978 | 0.993 | 1.008 |
| 37 | 0.903 | 0.934 | 0.965 | 0.997 | 1.028 | 1.044 | 1.060 |
| 38 | 0.949 | 0.981 | 1.014 | 1.047 | 1.080 | 1.096 | 1.113 |
| 39 | 0.996 | 1.030 | 1.064 | 1.098 | 1.132 | 1.150 | 1.167 |
| 40 | 1.044 | 1.079 | 1.115 | 1.151 | 1.186 | 1.204 | 1.223 |
| 42 | 1.143 | 1.182 | 1.221 | 1.259 | 1.298 | 1.318 | 1.337 |
| 44 | 1.247 | 1.289 | 1.331 | 1.373 | 1.415 | 1.436 | 1.457 |
| 46 | 1.356 | 1.401 | 1.446 | 1.492 | 1.537 | 1.560 | 1.583 |
| 48 | 1.469 | 1.518 | 1.566 | 1.615 | 1.664 | 1.688 | 1.713 |
| 50 | 1.587 | 1.639 | 1.691 | 1.743 | 1.796 | 1.822 | 1.848 |

<table>
<tr><th>检尺径 \ 检尺长</th><th>6.6</th><th>6.8</th><th>7.0</th><th>7.2</th><th>7.4</th><th>7.5</th><th>7.6</th></tr>
</table>

原木材积表      单位：m³

| 检尺长 检尺径 | 6.6 | 6.8 | 7.0 | 7.2 | 7.4 | 7.5 | 7.6 |
|---|---|---|---|---|---|---|---|
| 52 | 1.709 | 1.765 | 1.821 | 1.877 | 1.933 | 1.961 | 1.989 |
| 54 | 1.835 | 1.895 | 1.955 | 2.015 | 2.075 | 2.105 | 2.135 |
| 56 | 1.967 | 2.030 | 2.094 | 2.158 | 2.222 | 2.254 | 2.286 |
| 58 | 2.102 | 2.170 | 2.238 | 2.306 | 2.374 | 2.408 | 2.442 |
| 60 | 2.243 | 2.315 | 2.387 | 2.459 | 2.531 | 2.567 | 2.603 |
| 62 | 2.388 | 2.464 | 2.540 | 2.617 | 2.693 | 2.731 | 2.767 |
| 64 | 2.537 | 2.618 | 2.699 | 2.779 | 2.860 | 2.900 | 2.941 |
| 66 | 2.691 | 2.776 | 2.862 | 2.947 | 3.032 | 3.075 | 3.117 |
| 68 | 2.849 | 2.939 | 3.029 | 3.119 | 3.209 | 3.254 | 3.299 |
| 70 | 3.012 | 3.107 | 3.202 | 3.297 | 3.392 | 3.439 | 3.486 |
| 72 | 3.180 | 3.280 | 3.380 | 3.479 | 3.579 | 3.629 | 3.678 |
| 74 | 3.352 | 3.457 | 3.562 | 3.667 | 3.771 | 3.823 | 3.876 |
| 76 | 3.528 | 3.639 | 3.749 | 3.859 | 3.969 | 4.023 | 4.078 |
| 78 | 3.709 | 3.825 | 3.940 | 4.056 | 4.171 | 4.228 | 4.286 |
| 80 | 3.895 | 4.016 | 4.137 | 4.258 | 4.378 | 4.438 | 4.499 |

原木材积表 单位:m³

| 检尺径＼检尺长 | 6.6 | 6.8 | 7.0 | 7.2 | 7.4 | 7.5 | 7.6 |
|---|---|---|---|---|---|---|---|
| 82 | 4.085 | 4.212 | 4.338 | 4.465 | 4.591 | 4.654 | 4.716 |
| 84 | 4.279 | 4.412 | 4.545 | 4.677 | 4.808 | 4.874 | 4.940 |
| 86 | 4.479 | 4.617 | 4.755 | 4.893 | 5.031 | 5.099 | 5.168 |
| 88 | 4.682 | 4.827 | 4.971 | 5.115 | 5.258 | 5.330 | 5.401 |
| 90 | 4.891 | 5.041 | 5.192 | 5.341 | 5.491 | 5.565 | 5.640 |
| 92 | 5.103 | 5.260 | 5.417 | 5.573 | 5.728 | 5.806 | 5.883 |
| 94 | 5.321 | 5.484 | 5.647 | 5.809 | 5.971 | 6.052 | 6.132 |
| 96 | 5.542 | 5.712 | 5.882 | 6.050 | 6.219 | 6.302 | 6.386 |
| 98 | 5.769 | 5.945 | 6.121 | 6.297 | 6.471 | 6.558 | 6.645 |
| 100 | 6.000 | 6.183 | 6.366 | 6.548 | 6.729 | 6.819 | 6.910 |
| 102 | 6.235 | 6.425 | 6.615 | 6.804 | 6.992 | 7.085 | 7.179 |
| 104 | 6.475 | 6.672 | 6.869 | 7.065 | 7.259 | 7.357 | 7.454 |
| 106 | 6.720 | 6.924 | 7.128 | 7.330 | 7.532 | 7.633 | 7.733 |
| 108 | 6.969 | 7.180 | 7.391 | 7.601 | 7.810 | 7.914 | 8.018 |
| 110 | 7.222 | 7.441 | 7.659 | 7.877 | 8.093 | 8.201 | 8.308 |

原木材积表  单位:m³

| 检尺长 检尺径 | 6.6 | 6.8 | 7.0 | 7.2 | 7.4 | 7.5 | 7.6 |
|---|---|---|---|---|---|---|---|
| 112 | 7.480 | 7.707 | 7.932 | 8.157 | 8.381 | 8.492 | 8.604 |
| 114 | 7.743 | 7.977 | 8.210 | 8.443 | 8.674 | 8.789 | 8.904 |
| 116 | 8.010 | 8.252 | 8.493 | 8.733 | 8.972 | 9.091 | 9.210 |
| 118 | 8.281 | 9.532 | 8.780 | 9.028 | 9.275 | 9.398 | 9.520 |
| 120 | 8.558 | 8.816 | 9.073 | 9.328 | 9.583 | 9.710 | 9.836 |
| 122 | 8.838 | 9.105 | 9.370 | 9.633 | 9.896 | 10.027 | 10.157 |
| 124 | 9.124 | 9.398 | 9.671 | 9.943 | 10.214 | 10.349 | 10.483 |
| 126 | 9.413 | 9.696 | 9.978 | 10.258 | 10.537 | 10.676 | 10.815 |
| 128 | 9.708 | 9.999 | 10.289 | 10.578 | 10.865 | 11.008 | 11.151 |
| 130 | 10.007 | 10.307 | 10.605 | 10.903 | 11.198 | 11.346 | 11.493 |
| 132 | 10.310 | 10.619 | 10.926 | 11.232 | 11.537 | 11.688 | 11.839 |
| 134 | 10.618 | 10.936 | 11.252 | 11.567 | 11.880 | 12.036 | 12.191 |
| 136 | 10.930 | 11.257 | 11.583 | 11.906 | 12.228 | 12.389 | 12.548 |
| 138 | 11.247 | 11.583 | 11.918 | 12.251 | 12.582 | 12.746 | 12.911 |
| 140 | 11.569 | 11.914 | 12.258 | 12.600 | 12.940 | 13.109 | 13.278 |

原木材积表 单位：m³

| 检尺长 / 检尺径 | 6.6 | 6.8 | 7.0 | 7.2 | 7.4 | 7.5 | 7.6 |
|---|---|---|---|---|---|---|---|
| 142 | 11.895 | 12.250 | 12.603 | 12.954 | 13.303 | 13.477 | 13.651 |
| 144 | 12.225 | 12.590 | 12.952 | 13.313 | 13.672 | 13.850 | 14.028 |
| 146 | 12.560 | 12.935 | 13.307 | 13.677 | 14.045 | 14.228 | 14.411 |
| 148 | 12.900 | 13.284 | 13.666 | 14.046 | 14.424 | 14.612 | 14.799 |
| 150 | 13.244 | 13.638 | 14.030 | 14.420 | 14.807 | 15.000 | 15.192 |
| 152 | 13.593 | 13.997 | 14.399 | 14.798 | 15.196 | 15.393 | 15.591 |
| 154 | 13.946 | 14.360 | 14.772 | 15.182 | 15.589 | 15.792 | 15.994 |
| 156 | 14.304 | 14.728 | 15.151 | 15.570 | 15.988 | 16.196 | 16.403 |
| 158 | 14.666 | 15.101 | 15.534 | 15.964 | 16.391 | 16.604 | 16.817 |
| 160 | 15.033 | 15.478 | 15.922 | 16.362 | 16.800 | 17.018 | 17.235 |
| 162 | 15.404 | 15.860 | 16.314 | 16.765 | 17.214 | 17.437 | 17.660 |
| 164 | 15.780 | 16.247 | 16.712 | 17.174 | 17.632 | 17.861 | 18.089 |
| 166 | 16.160 | 16.639 | 17.114 | 17.587 | 18.056 | 18.290 | 18.523 |
| 168 | 16.545 | 17.035 | 17.521 | 18.005 | 18.485 | 18.724 | 18.963 |
| 170 | 16.935 | 17.435 | 17.933 | 18.427 | 18.919 | 19.163 | 19.407 |

## 原木材积表

单位：m³

| 检尺长 检尺径 | 7.8 | 8.0 | 8.2 | 8.4 | 8.5 | 8.6 | 8.8 |
|---|---|---|---|---|---|---|---|
| 4 | 0.0364 | 0.0382 | 0.0401 | 0.0420 | 0.0430 | 0.0440 | 0.0460 |
| 5 | 0.0465 | 0.0487 | 0.0509 | 0.0532 | 0.0541 | 0.0556 | 0.0580 |
| 6 | 0.0578 | 0.0603 | 0.0630 | 0.0657 | 0.0671 | 0.0685 | 0.0713 |
| 7 | 0.0703 | 0.0733 | 0.0764 | 0.0795 | 0.0811 | 0.0828 | 0.0861 |
| 8 | 0.084 | 0.087 | 0.091 | 0.095 | 0.097 | 0.098 | 0.102 |
| 9 | 0.099 | 0.103 | 0.107 | 0.111 | 0.113 | 0.115 | 0.120 |
| 10 | 0.115 | 0.120 | 0.124 | 0.129 | 0.131 | 0.134 | 0.139 |
| 11 | 0.133 | 0.138 | 0.143 | 0.148 | 0.151 | 0.153 | 0.159 |
| 12 | 0.151 | 0.157 | 0.163 | 0.168 | 0.171 | 0.174 | 0.180 |
| 13 | 0.184 | 0.191 | 0.198 | 0.206 | 0.209 | 0.213 | 0.221 |
| 14 | 0.206 | 0.214 | 0.222 | 0.230 | 0.234 | 0.239 | 0.247 |
| 15 | 0.230 | 0.239 | 0.248 | 0.256 | 0.261 | 0.266 | 0.275 |

原木材积表 单位：m³

| 检尺径 \ 检尺长 | 7.8 | 8.0 | 8.2 | 8.4 | 8.5 | 8.6 | 8.8 |
|---|---|---|---|---|---|---|---|
| 16 | 0.256 | 0.265 | 0.274 | 0.284 | 0.289 | 0.294 | 0.304 |
| 17 | 0.282 | 0.292 | 0.303 | 0.313 | 0.318 | 0.324 | 0.334 |
| 18 | 0.310 | 0.321 | 0.332 | 0.343 | 0.349 | 0.355 | 0.366 |
| 19 | 0.340 | 0.351 | 0.363 | 0.375 | 0.381 | 0.387 | 0.400 |
| 20 | 0.370 | 0.383 | 0.395 | 0.408 | 0.415 | 0.422 | 0.435 |
| 21 | 0.402 | 0.416 | 0.429 | 0.443 | 0.450 | 0.457 | 0.471 |
| 22 | 0.435 | 0.450 | 0.464 | 0.479 | 0.487 | 0.494 | 0.509 |
| 23 | 0.470 | 0.485 | 0.501 | 0.517 | 0.524 | 0.532 | 0.549 |
| 24 | 0.506 | 0.522 | 0.539 | 0.555 | 0.564 | 0.572 | 0.589 |
| 25 | 0.543 | 0.560 | 0.578 | 0.596 | 0.605 | 0.614 | 0.632 |
| 26 | 0.581 | 0.600 | 0.618 | 0.637 | 0.647 | 0.656 | 0.676 |
| 27 | 0.621 | 0.641 | 0.660 | 0.680 | 0.690 | 0.700 | 0.721 |
| 28 | 0.662 | 0.683 | 0.704 | 0.725 | 0.735 | 0.746 | 0.767 |
| 29 | 0.705 | 0.727 | 0.749 | 0.771 | 0.782 | 0.793 | 0.816 |
| 30 | 0.748 | 0.771 | 0.795 | 0.818 | 0.830 | 0.842 | 0.865 |

原木材积表  单位:m³

| 检尺长\检尺径 | 7.8 | 8.0 | 8.2 | 8.4 | 8.5 | 8.6 | 8.8 |
|---|---|---|---|---|---|---|---|
| 31 | 0.794 | 0.818 | 0.842 | 0.867 | 0.879 | 0.891 | 0.916 |
| 32 | 0.840 | 0.865 | 0.891 | 0.917 | 0.930 | 0.943 | 0.969 |
| 33 | 0.888 | 0.914 | 0.941 | 0.968 | 0.980 | 0.995 | 1.023 |
| 34 | 0.937 | 0.965 | 0.993 | 1.021 | 1.035 | 1.050 | 1.078 |
| 35 | 0.987 | 1.016 | 1.046 | 1.076 | 1.090 | 1.105 | 1.135 |
| 36 | 1.039 | 1.069 | 1.100 | 1.131 | 1.147 | 1.162 | 1.194 |
| 37 | 1.092 | 1.124 | 1.156 | 1.188 | 1.205 | 1.221 | 1.254 |
| 38 | 1.146 | 1.180 | 1.213 | 1.247 | 1.264 | 1.281 | 1.315 |
| 39 | 1.202 | 1.237 | 1.272 | 1.307 | 1.325 | 1.342 | 1.378 |
| 40 | 1.259 | 1.295 | 1.332 | 1.368 | 1.387 | 1.405 | 1.442 |
| 42 | 1.377 | 1.416 | 1.456 | 1.495 | 1.515 | 1.535 | 1.575 |
| 44 | 1.500 | 1.542 | 1.585 | 1.628 | 1.649 | 1.671 | 1.714 |
| 46 | 1.628 | 1.674 | 1.720 | 1.766 | 1.789 | 1.812 | 1.859 |
| 48 | 1.762 | 1.811 | 1.860 | 1.910 | 1.935 | 1.959 | 2.009 |
| 50 | 1.901 | 1.954 | 2.006 | 2.059 | 2.086 | 2.112 | 2.166 |

原木材积表                    单位：m³

| 检尺径 \ 检尺长 | 7.8 | 8.0 | 8.2 | 8.4 | 8.5 | 8.6 | 8.8 |
|---|---|---|---|---|---|---|---|
| 52 | 2.045 | 2.101 | 2.158 | 2.214 | 2.243 | 2.271 | 2.328 |
| 54 | 2.195 | 2.255 | 2.315 | 2.375 | 2.405 | 2.436 | 2.496 |
| 56 | 2.349 | 2.413 | 2.477 | 2.542 | 2.574 | 2.606 | 2.670 |
| 58 | 2.510 | 2.577 | 2.645 | 2.714 | 2.748 | 2.782 | 2.850 |
| 60 | 2.675 | 2.747 | 2.819 | 2.891 | 2.927 | 2.963 | 3.036 |
| 62 | 2.845 | 2.922 | 2.998 | 3.074 | 3.113 | 3.151 | 3.227 |
| 64 | 3.021 | 3.102 | 3.183 | 3.263 | 3.304 | 3.344 | 3.425 |
| 66 | 3.203 | 3.288 | 3.373 | 3.458 | 3.500 | 3.543 | 3.628 |
| 68 | 3.389 | 3.479 | 3.568 | 3.658 | 3.703 | 3.748 | 3.837 |
| 70 | 3.581 | 3.675 | 3.770 | 3.864 | 3.911 | 3.958 | 4.052 |
| 72 | 3.778 | 3.877 | 3.976 | 4.075 | 4.125 | 4.174 | 4.273 |
| 74 | 3.980 | 4.084 | 4.188 | 4.292 | 4.344 | 4.396 | 4.500 |
| 76 | 4.188 | 4.297 | 4.406 | 4.515 | 4.569 | 4.624 | 4.733 |
| 78 | 4.400 | 4.515 | 4.629 | 4.743 | 4.800 | 4.857 | 4.971 |
| 80 | 4.619 | 4.738 | 4.858 | 4.977 | 5.037 | 5.096 | 5.216 |

## 原木材积表

单位：m³

| 检尺长<br>检尺径 | 7.8 | 8.0 | 8.2 | 8.4 | 8.5 | 8.6 | 8.8 |
|---|---|---|---|---|---|---|---|
| 82 | 4.842 | 4.967 | 5.092 | 5.217 | 5.279 | 5.341 | 5.466 |
| 84 | 5.071 | 5.201 | 5.332 | 5.462 | 5.527 | 5.592 | 5.722 |
| 86 | 5.304 | 5.441 | 5.577 | 5.713 | 5.781 | 5.848 | 5.984 |
| 88 | 5.544 | 5.686 | 5.828 | 5.969 | 6.040 | 6.111 | 6.252 |
| 90 | 5.788 | 5.936 | 6.084 | 6.231 | 6.305 | 6.379 | 6.525 |
| 92 | 6.038 | 6.192 | 6.346 | 6.499 | 6.576 | 6.652 | 6.805 |
| 94 | 6.293 | 6.453 | 6.613 | 6.773 | 6.852 | 6.932 | 7.090 |
| 96 | 6.553 | 6.720 | 6.886 | 7.052 | 7.134 | 7.217 | 7.382 |
| 98 | 6.819 | 6.992 | 7.164 | 7.336 | 7.422 | 7.508 | 7.679 |
| 100 | 7.090 | 7.269 | 7.448 | 7.626 | 7.715 | 7.804 | 7.982 |
| 102 | 7.366 | 7.552 | 7.737 | 7.922 | 8.015 | 8.107 | 8.291 |
| 104 | 7.647 | 7.840 | 8.032 | 8.224 | 8.319 | 8.415 | 8.605 |
| 106 | 7.934 | 8.134 | 8.333 | 8.531 | 8.630 | 8.729 | 8.926 |
| 108 | 8.226 | 8.433 | 8.638 | 8.844 | 8.946 | 9.048 | 9.252 |
| 110 | 8.523 | 8.737 | 8.950 | 9.162 | 9.268 | 9.374 | 9.585 |

原木材积表                     单位：m³

| 检尺长 / 检尺径 | 7.8 | 8.0 | 8.2 | 8.4 | 8.5 | 8.6 | 8.8 |
|---|---|---|---|---|---|---|---|
| 112 | 8.826 | 9.047 | 9.267 | 9.486 | 9.596 | 9.705 | 9.923 |
| 114 | 9.133 | 9.362 | 9.589 | 9.816 | 9.929 | 10.042 | 10.267 |
| 116 | 9.446 | 9.682 | 9.917 | 10.151 | 10.268 | 10.384 | 10.617 |
| 118 | 9.765 | 10.008 | 10.251 | 10.492 | 10.613 | 10.733 | 10.973 |
| 120 | 10.088 | 10.339 | 10.590 | 10.839 | 10.963 | 11.087 | 11.334 |
| 122 | 10.417 | 10.676 | 10.934 | 11.191 | 11.319 | 11.447 | 11.702 |
| 124 | 10.751 | 11.018 | 11.284 | 11.549 | 11.681 | 11.812 | 12.075 |
| 126 | 11.091 | 11.366 | 11.640 | 11.912 | 12.048 | 12.184 | 12.454 |
| 128 | 11.436 | 11.719 | 12.001 | 12.281 | 12.421 | 12.561 | 12.839 |
| 130 | 11.786 | 12.077 | 12.367 | 12.656 | 12.800 | 12.944 | 13.230 |
| 132 | 12.141 | 12.441 | 12.739 | 13.036 | 13.184 | 13.332 | 13.627 |
| 134 | 12.501 | 12.810 | 13.117 | 13.422 | 13.575 | 13.727 | 14.030 |
| 136 | 12.867 | 13.184 | 13.500 | 13.814 | 13.971 | 14.127 | 14.438 |
| 138 | 13.238 | 13.564 | 13.888 | 14.211 | 14.372 | 14.533 | 14.853 |
| 140 | 13.615 | 13.949 | 14.282 | 14.614 | 14.779 | 14.944 | 18.273 |

原木材积表                                单位:m³

| 检尺长<br>检尺径 | 7.8 | 8.0 | 8.2 | 8.4 | 8.5 | 8.6 | 8.8 |
|---|---|---|---|---|---|---|---|
| 142 | 13.996 | 14.340 | 14.682 | 15.023 | 15.192 | 15.362 | 15.699 |
| 144 | 14.383 | 14.736 | 15.087 | 15.437 | 15.611 | 15.785 | 16.131 |
| 146 | 14.775 | 15.137 | 15.498 | 15.856 | 16.035 | 16.214 | 16.569 |
| 148 | 15.173 | 15.544 | 15.914 | 16.282 | 16.465 | 16.648 | 17.013 |
| 150 | 15.575 | 15.957 | 16.336 | 16.713 | 16.901 | 17.088 | 17.462 |
| 152 | 15.983 | 16.374 | 16.763 | 17.150 | 17.342 | 17.535 | 17.918 |
| 154 | 16.397 | 16.797 | 17.196 | 17.592 | 17.789 | 17.986 | 18.379 |
| 156 | 16.815 | 17.226 | 17.634 | 18.040 | 18.242 | 18.444 | 18.846 |
| 158 | 17.239 | 17.659 | 18.078 | 18.493 | 18.701 | 18.907 | 19.319 |
| 160 | 17.668 | 18.099 | 18.527 | 18.953 | 19.165 | 19.376 | 19.798 |
| 162 | 18.103 | 18.543 | 18.982 | 19.417 | 19.635 | 19.851 | 20.283 |
| 164 | 18.542 | 18.993 | 19.442 | 19.888 | 20.110 | 20.332 | 20.774 |
| 166 | 18.987 | 19.449 | 19.908 | 20.364 | 20.591 | 20.818 | 21.270 |
| 168 | 19.437 | 19.909 | 20.379 | 20.846 | 21.078 | 21.310 | 21.772 |
| 170 | 19.893 | 20.376 | 20.856 | 21.333 | 21.571 | 21.808 | 22.281 |

原木材积表　　　　　　　　　　　　　　　　单位:m³

| 检尺长<br>检尺径 | 9.0 | 9.2 | 9.4 | 9.5 | 9.6 | 9.8 | 10.0 |
|---|---|---|---|---|---|---|---|
| 4 | 0.0481 | 0.0503 | 0.0525 | 0.0536 | 0.0547 | 0.0571 | 0.0594 |
| 5 | 0.0605 | 0.0630 | 0.0657 | 0.0670 | 0.0683 | 0.0711 | 0.0739 |
| 6 | 0.0743 | 0.0770 | 0.0803 | 0.0819 | 0.0834 | 0.0866 | 0.0899 |
| 7 | 0.0895 | 0.0929 | 0.0965 | 0.0982 | 0.1000 | 0.1037 | 0.1075 |
| 8 | 0.106 | 0.110 | 0.114 | 0.116 | 0.118 | 0.122 | 0.127 |
| 9 | 0.124 | 0.129 | 0.133 | 0.135 | 0.138 | 0.143 | 0.147 |
| 10 | 0.144 | 0.149 | 0.154 | 0.156 | 0.159 | 0.164 | 0.170 |
| 11 | 0.164 | 0.170 | 0.176 | 0.179 | 0.182 | 0.188 | 0.194 |
| 12 | 0.187 | 0.193 | 0.199 | 0.203 | 0.206 | 0.212 | 0.219 |
| 13 | 0.229 | 0.237 | 0.245 | 0.249 | 0.253 | 0.262 | 0.271 |
| 14 | 0.256 | 0.264 | 0.273 | 0.278 | 0.282 | 0.292 | 0.301 |
| 15 | 0.284 | 0.294 | 0.303 | 0.308 | 0.313 | 0.323 | 0.333 |

原木材积表 单位:m³

| 检尺长 检尺径 | 9.0 | 9.2 | 9.4 | 9.5 | 9.6 | 9.8 | 10.0 |
|---|---|---|---|---|---|---|---|
| 16 | 0.314 | 0.324 | 0.335 | 0.340 | 0.345 | 0.356 | 0.367 |
| 17 | 0.345 | 0.356 | 0.368 | 0.373 | 0.379 | 0.391 | 0.403 |
| 18 | 0.378 | 0.390 | 0.402 | 0.408 | 0.414 | 0.427 | 0.440 |
| 19 | 0.413 | 0.425 | 0.438 | 0.445 | 0.451 | 0.465 | 0.478 |
| 20 | 0.448 | 0.462 | 0.476 | 0.483 | 0.490 | 0.504 | 0.519 |
| 21 | 0.486 | 0.500 | 0.515 | 0.523 | 0.530 | 0.545 | 0.561 |
| 22 | 0.525 | 0.540 | 0.556 | 0.564 | 0.572 | 0.588 | 0.604 |
| 23 | 0.565 | 0.581 | 0.598 | 0.607 | 0.615 | 0.632 | 0.650 |
| 24 | 0.607 | 0.624 | 0.642 | 0.651 | 0.660 | 0.678 | 0.697 |
| 25 | 0.650 | 0.669 | 0.687 | 0.697 | 0.706 | 0.726 | 0.745 |
| 26 | 0.695 | 0.715 | 0.734 | 0.744 | 0.754 | 0.775 | 0.795 |
| 27 | 0.741 | 0.762 | 0.783 | 0.793 | 0.804 | 0.825 | 0.847 |
| 28 | 0.789 | 0.811 | 0.838 | 0.844 | 0.855 | 0.878 | 0.900 |
| 29 | 0.838 | 0.861 | 0.885 | 0.896 | 0.908 | 0.932 | 0.956 |
| 30 | 0.889 | 0.913 | 0.938 | 0.950 | 0.962 | 0.987 | 1.012 |

原木材积表
单位:m³

| 检尺长<br>检尺径 | 9.0 | 9.2 | 9.4 | 9.5 | 9.6 | 9.8 | 10.0 |
|---|---|---|---|---|---|---|---|
| 31 | 0.941 | 0.967 | 0.992 | 1.005 | 1.018 | 1.044 | 1.071 |
| 32 | 0.995 | 1.022 | 1.049 | 1.062 | 1.076 | 1.103 | 1.131 |
| 33 | 1.051 | 1.078 | 1.106 | 1.121 | 1.135 | 1.163 | 1.192 |
| 34 | 1.107 | 1.136 | 1.166 | 1.181 | 1.195 | 1.225 | 1.255 |
| 35 | 1.166 | 1.196 | 1.227 | 1.242 | 1.258 | 1.289 | 1.320 |
| 36 | 1.225 | 1.257 | 1.289 | 1.305 | 1.321 | 1.354 | 1.387 |
| 37 | 1.287 | 1.320 | 1.353 | 1.370 | 1.387 | 1.421 | 1.455 |
| 38 | 1.349 | 1.384 | 1.419 | 1.436 | 1.454 | 1.489 | 1.525 |
| 39 | 1.414 | 1.450 | 1.486 | 1.504 | 1.522 | 1.559 | 1.596 |
| 40 | 1.479 | 1.517 | 1.555 | 1.574 | 1.593 | 1.631 | 1.669 |
| 42 | 1.615 | 1.656 | 1.697 | 1.717 | 1.737 | 1.779 | 1.820 |
| 44 | 1.757 | 1.801 | 1.845 | 1.867 | 1.889 | 1.933 | 1.978 |
| 46 | 1.905 | 1.952 | 1.999 | 2.023 | 2.046 | 2.094 | 2.142 |
| 48 | 2.059 | 2.109 | 2.160 | 2.185 | 2.210 | 2.261 | 2.312 |
| 50 | 2.219 | 2.273 | 2.327 | 2.354 | 2.381 | 2.435 | 2.489 |

原木材积表                                    单位:m³

| 检尺径＼检尺长 | 9.0 | 9.2 | 9.4 | 9.5 | 9.6 | 9.8 | 10.0 |
|---|---|---|---|---|---|---|---|
| 52 | 2.385 | 2.442 | 2.500 | 2.528 | 2.557 | 2.615 | 2.673 |
| 54 | 2.557 | 2.618 | 2.679 | 2.709 | 2.740 | 2.802 | 2.863 |
| 56 | 2.735 | 2.799 | 2.864 | 2.897 | 2.929 | 2.995 | 3.060 |
| 58 | 2.918 | 2.987 | 3.056 | 3.090 | 3.125 | 3.194 | 3.263 |
| 60 | 3.108 | 3.181 | 3.254 | 3.290 | 3.327 | 3.400 | 3.473 |
| 62 | 3.304 | 3.381 | 3.458 | 3.496 | 3.535 | 3.612 | 3.690 |
| 64 | 3.506 | 3.587 | 3.668 | 3.708 | 3.749 | 3.831 | 3.912 |
| 66 | 3.713 | 3.799 | 3.884 | 3.927 | 3.970 | 4.056 | 4.142 |
| 68 | 3.927 | 4.017 | 4.107 | 4.152 | 4.197 | 4.287 | 4.378 |
| 70 | 4.147 | 4.241 | 4.336 | 4.383 | 4.430 | 4.525 | 4.620 |
| 72 | 4.372 | 4.471 | 4.571 | 4.620 | 4.670 | 4.770 | 4.869 |
| 74 | 4.604 | 4.708 | 4.812 | 4.864 | 4.916 | 5.020 | 5.125 |
| 76 | 4.842 | 4.950 | 5.059 | 5.114 | 5.168 | 5.278 | 5.387 |
| 78 | 5.085 | 5.199 | 5.313 | 5.370 | 5.427 | 5.541 | 5.656 |
| 80 | 5.335 | 5.454 | 5.573 | 5.632 | 5.692 | 5.811 | 5.931 |

原木材积表 单位:m³

| 检尺径＼检尺长 | 9.0 | 9.2 | 9.4 | 9.5 | 9.6 | 9.8 | 10.0 |
|---|---|---|---|---|---|---|---|
| 82 | 5.590 | 5.715 | 5.839 | 5.901 | 5.963 | 6.088 | 6.213 |
| 84 | 5.852 | 5.981 | 6.111 | 6.176 | 6.241 | 6.371 | 6.501 |
| 86 | 6.119 | 6.254 | 6.390 | 6.457 | 6.525 | 6.660 | 6.796 |
| 88 | 6.393 | 6.534 | 6.674 | 6.745 | 6.815 | 6.956 | 7.097 |
| 90 | 6.672 | 6.819 | 6.965 | 7.038 | 7.112 | 7.258 | 7.405 |
| 92 | 6.958 | 7.110 | 7.262 | 7.338 | 7.415 | 7.567 | 7.719 |
| 94 | 7.249 | 7.407 | 7.566 | 7.645 | 7.724 | 7.882 | 8.040 |
| 96 | 7.546 | 7.711 | 7.875 | 7.957 | 8.039 | 8.204 | 8.368 |
| 98 | 7.850 | 8.020 | 8.191 | 8.276 | 8.361 | 8.531 | 8.702 |
| 100 | 8.159 | 8.336 | 8.513 | 8.601 | 8.689 | 8.866 | 9.043 |
| 102 | 8.474 | 8.658 | 8.841 | 8.932 | 9.024 | 9.207 | 9.390 |
| 104 | 8.796 | 8.985 | 9.175 | 9.270 | 9.364 | 9.554 | 9.743 |
| 106 | 9.123 | 9.319 | 9.515 | 9.613 | 9.711 | 9.907 | 10.103 |
| 108 | 9.456 | 9.659 | 9.862 | 9.964 | 10.065 | 10.268 | 10.470 |
| 110 | 9.795 | 10.005 | 10.215 | 10.320 | 10.425 | 10.634 | 10.842 |

| 检尺长<br>检尺径 | 9.0 | 9.2 | 9.4 | 9.5 | 9.6 | 9.8 | 10.0 |
|---|---|---|---|---|---|---|---|
| 112 | 10.140 | 10.357 | 10.574 | 10.682 | 10.791 | 11.007 | 11.223 |
| 114 | 10.492 | 10.716 | 10.939 | 11.051 | 11.163 | 11.386 | 11.610 |
| 116 | 10.849 | 11.080 | 11.311 | 11.426 | 11.542 | 11.772 | 12.002 |
| 118 | 11.212 | 11.451 | 11.689 | 11.808 | 11.927 | 12.164 | 12.402 |
| 120 | 11.581 | 11.827 | 12.073 | 12.195 | 12.318 | 12.563 | 12.808 |
| 122 | 11.956 | 12.210 | 12.463 | 12.589 | 12.715 | 12.968 | 13.220 |
| 124 | 12.337 | 12.598 | 12.859 | 12.989 | 13.119 | 13.379 | 13.639 |
| 126 | 12.724 | 12.993 | 13.262 | 13.396 | 13.530 | 13.797 | 14.065 |
| 128 | 13.117 | 13.394 | 13.670 | 13.808 | 13.946 | 14.222 | 14.497 |
| 130 | 13.516 | 13.801 | 14.085 | 14.227 | 14.369 | 14.652 | 14.935 |
| 132 | 13.921 | 14.214 | 14.506 | 14.652 | 14.798 | 15.090 | 15.381 |
| 134 | 14.332 | 14.633 | 14.934 | 15.084 | 15.234 | 15.533 | 15.832 |
| 136 | 14.749 | 15.059 | 15.367 | 15.521 | 15.675 | 15.983 | 16.291 |
| 138 | 15.172 | 15.490 | 15.807 | 15.965 | 16.124 | 16.440 | 16.755 |
| 140 | 15.601 | 15.927 | 16.253 | 16.416 | 16.578 | 16.903 | 17.227 |

原木材积表

单位:m³

| 检尺长<br>检尺径 | 9.0 | 9.2 | 9.4 | 9.5 | 9.6 | 9.8 | 10.0 |
|---|---|---|---|---|---|---|---|
| 142 | 16.036 | 16.371 | 16.705 | 16.872 | 17.039 | 17.372 | 17.705 |
| 144 | 16.476 | 16.820 | 17.164 | 17.335 | 17.506 | 17.848 | 18.189 |
| 146 | 16.923 | 17.276 | 17.628 | 17.804 | 17.979 | 18.330 | 18.680 |
| 148 | 17.376 | 17.738 | 18.099 | 18.279 | 18.459 | 18.818 | 19.177 |
| 150 | 17.835 | 18.206 | 18.576 | 18.761 | 18.945 | 19.313 | 19.681 |
| 152 | 18.299 | 18.680 | 19.059 | 19.248 | 19.437 | 19.815 | 20.192 |
| 154 | 18.770 | 19.160 | 19.548 | 19.742 | 19.936 | 20.323 | 20.709 |
| 156 | 19.247 | 19.646 | 20.044 | 20.243 | 20.441 | 20.837 | 21.232 |
| 158 | 19.730 | 20.138 | 20.546 | 20.749 | 20.952 | 21.358 | 21.763 |
| 160 | 20.218 | 20.637 | 21.054 | 21.262 | 21.470 | 21.885 | 22.299 |
| 162 | 20.713 | 21.141 | 21.568 | 21.781 | 21.994 | 22.418 | 22.842 |
| 164 | 21.213 | 21.652 | 22.088 | 22.306 | 22.524 | 22.958 | 23.392 |
| 166 | 21.720 | 22.168 | 22.615 | 22.838 | 23.060 | 23.505 | 23.949 |
| 168 | 22.233 | 22.691 | 23.148 | 23.376 | 23.603 | 24.058 | 24.511 |
| 170 | 22.751 | 23.220 | 23.687 | 23.920 | 24.152 | 24.617 | 25.081 |

# 杉原条材积表

　　杉原条是指经过打枝、剥皮,但还没有加工造材的杉木伐倒木,它包括水杉原条和柳杉原条。

　　本表是根据 GB4815—84《杉原条材积表》编制而成,可用于查定杉原条和其他树种的原条商品材的材积数。本表杉原条的材积数值均精确到小数点以后第 3 位。可查范围为检尺长 5 m～30 m、检尺径 8 cm～60 cm,其中检尺径的最大可查尺寸随检尺长的增大,从 20 cm～60 cm 逐渐增大。为了满足各类读者和木材产区的需要,我们按照杉原条材积计算公式增加计算了检尺径 8 cm～30 cm 范围内单数厘米径级的材积列于表中,以备查定。

**计算公式**

(1)检尺径为 8cm 的杉原条材积按下式计算：

$$V=0.4902L \div 100$$

(2)检尺径为 10cm 以上的杉原条材积由公式

$$V=0.39(3.50+D)^2(0.48+L) \div 10000$$

确定。以上两式中，$V$ 为材积，$m^3$；$L$ 为检尺长，m；$D$ 为检尺径，cm。

**检尺长和检尺径的检量** *

(1)杉原条检尺长的检量是从大头斧口(或锯口)量至梢端短径足 6cm 处止，以 1m 进位，不满 1m 的由梢端舍去，经过进位或舍去后的长度为检尺长。如果杉原条的大头打有水眼，其材长度以大头水眼的内侧

---

　　* 这部分内容取材于国标 GB4816—84，解释上如有与国标相抵触的地方，以国标为准。

量起,若梢头打有水眼,材长则应该量至梢头水眼的内侧处为止。

(2)杉原条的检尺径应该在距离大头斧口(或锯口)2.5 m处检量,检尺径以厘米为单位,量至厘米,不足1 cm舍去。如果杉原条的大头打有水眼,其检尺径就应该在距离大头水眼内侧2.5 m处检量。检量时如遇到有节子、树瘤等不正常现象,应该朝梢端方向移至正常部位检量。假如直径检量部位遇到夹皮、偏枯、外伤和节子脱落而形成的凹陷部分,则设法按恢复其原形后的形状检量。

**使用说明**

本表最上方的项目栏(横栏)为杉原条的检尺长 $L$,从左到右逐渐增大;最左边的项目栏是检尺径 $D$ 的变化,自上而下逐渐增大。本表的查法与原木材积表相同,例如要查材长 8 m、检尺径 20 cm 的杉原条材积数,你可以翻到 P61,先在横栏中找出材长 8,然后从纵栏查到 20,横栏的垂直线与纵栏的水平线交会处便是所需的材积数为 0.183 m³。

**杉原条材积表**　　　　　　　　　单位:m³

| 检尺长<br>检尺径 | 5 | 6 | 7 | 8 | 9 | 10 |
|---|---|---|---|---|---|---|
| 8 | 0.025 | 0.029 | 0.034 | 0.039 | 0.044 | 0.049 |
| 9 | 0.033 | 0.039 | 0.046 | 0.052 | 0.058 | 0.064 |
| 10 | 0.039 | 0.046 | 0.053 | 0.060 | 0.067 | 0.074 |
| 11 | 0.045 | 0.053 | 0.061 | 0.070 | 0.078 | 0.086 |
| 12 | 0.051 | 0.061 | 0.070 | 0.079 | 0.089 | 0.098 |
| 13 | 0.058 | 0.069 | 0.079 | 0.090 | 0.101 | 0.111 |
| 14 | 0.065 | 0.077 | 0.089 | 0.101 | 0.113 | 0.125 |
| 15 | 0.073 | 0.086 | 0.100 | 0.113 | 0.127 | 0.140 |
| 16 | 0.081 | 0.096 | 0.111 | 0.126 | 0.141 | 0.155 |
| 17 | 0.090 | 0.106 | 0.123 | 0.139 | 0.155 | 0.172 |
| 18 | 0.099 | 0.117 | 0.135 | 0.153 | 0.171 | 0.189 |
| 19 | 0.108 | 0.128 | 0.148 | 0.167 | 0.187 | 0.207 |
| 20 | 0.118 | 0.140 | 0.161 | 0.183 | 0.204 | 0.226 |

单位:m³

| 检尺长<br>检尺径 | 5 | 6 | 7 | 8 | 9 | 10 |
|---|---|---|---|---|---|---|
| 21 | | 0.152 | 0.175 | 0.199 | 0.222 | 0.245 |
| 22 | | 0.164 | 0.190 | 0.215 | 0.240 | 0.266 |
| 23 | | 0.177 | 0.205 | 0.232 | 0.260 | 0.287 |
| 24 | | 0.191 | 0.221 | 0.250 | 0.280 | 0.309 |
| 25 | | 0.205 | 0.237 | 0.269 | 0.300 | 0.332 |
| 26 | | 0.220 | 0.254 | 0.288 | 0.322 | 0.356 |
| 27 | | | 0.271 | 0.308 | 0.344 | 0.380 |
| 28 | | | 0.289 | 0.328 | 0.367 | 0.406 |
| 29 | | | 0.308 | 0.349 | 0.391 | 0.432 |
| 30 | | | 0.327 | 0.371 | 0.415 | 0.459 |
| 32 | | | | 0.417 | 0.466 | 0.515 |
| 34 | | | | 0.465 | 0.520 | 0.575 |
| 36 | | | | | 0.577 | 0.638 |
| 38 | | | | | 0.637 | 0.704 |
| 40 | | | | | | 0.773 |
| 42 | | | | | | 0.846 |

**杉原条材积表**　　　　　　　　　　　　　　　　　单位:m³

| 检尺径 \ 检尺长 | 11 | 12 | 13 | 14 | 15 | 16 |
|---|---|---|---|---|---|---|
| 9 | 0.070 | 0.076 | 0.082 | 0.088 | 0.094 | 0.100 |
| 10 | 0.082 | 0.089 | 0.096 | 0.103 | 0.110 | 0.117 |
| 11 | 0.094 | 0.102 | 0.111 | 0.119 | 0.127 | 0.135 |
| 12 | 0.108 | 0.117 | 0.126 | 0.136 | 0.145 | 0.154 |
| 13 | 0.122 | 0.133 | 0.143 | 0.154 | 0.164 | 0.175 |
| 14 | 0.137 | 0.149 | 0.161 | 0.173 | 0.185 | 0.197 |
| 15 | 0.153 | 0.167 | 0.180 | 0.193 | 0.207 | 0.220 |
| 16 | 0.170 | 0.185 | 0.200 | 0.215 | 0.230 | 0.244 |
| 17 | 0.188 | 0.205 | 0.221 | 0.237 | 0.254 | 0.270 |
| 18 | 0.207 | 0.225 | 0.243 | 0.261 | 0.279 | 0.297 |
| 19 | 0.227 | 0.246 | 0.266 | 0.286 | 0.306 | 0.325 |
| 20 | 0.247 | 0.269 | 0.290 | 0.312 | 0.333 | 0.355 |

**杉原条材积表**                                     单位：m³

| 检尺长<br>检尺径 | 11 | 12 | 13 | 14 | 15 | 16 |
|---|---|---|---|---|---|---|
| 21 | 0.269 | 0.292 | 0.316 | 0.339 | 0.362 | 0.386 |
| 22 | 0.291 | 0.316 | 0.342 | 0.367 | 0.393 | 0.418 |
| 23 | 0.314 | 0.342 | 0.369 | 0.397 | 0.424 | 0.451 |
| 24 | 0.339 | 0.368 | 0.398 | 0.427 | 0.457 | 0.486 |
| 25 | 0.364 | 0.395 | 0.427 | 0.459 | 0.490 | 0.522 |
| 26 | 0.390 | 0.424 | 0.458 | 0.491 | 0.525 | 0.559 |
| 27 | 0.416 | 0.453 | 0.489 | 0.525 | 0.562 | 0.598 |
| 28 | 0.444 | 0.483 | 0.522 | 0.560 | 0.599 | 0.638 |
| 29 | 0.473 | 0.514 | 0.555 | 0.596 | 0.638 | 0.679 |
| 30 | 0.502 | 0.546 | 0.590 | 0.634 | 0.678 | 0.721 |
| 32 | 0.564 | 0.613 | 0.663 | 0.712 | 0.761 | 0.810 |
| 34 | 0.630 | 0.684 | 0.739 | 0.794 | 0.849 | 0.904 |
| 36 | 0.699 | 0.759 | 0.820 | 0.881 | 0.942 | 1.003 |
| 38 | 0.771 | 0.838 | 0.905 | 0.973 | 1.040 | 1.107 |
| 40 | 0.847 | 0.921 | 0.995 | 1.069 | 1.142 | 1.216 |

**杉原条材积表**　　　　　　　单位:m³

| 检尺径＼检尺长 | 11 | 12 | 13 | 14 | 15 | 16 |
|---|---|---|---|---|---|---|
| 42 | 0.927 | 1.008 | 1.088 | 1.169 | 1.250 | 1.331 |
| 44 | | | 1.186 | 1.274 | 1.362 | 1.450 |
| 46 | | | 1.288 | 1.384 | 1.479 | 1.575 |
| 48 | | | 1.394 | 1.498 | 1.601 | 1.705 |
| 50 | | | 1.505 | 1.616 | 1.728 | 1.840 |
| 52 | | | | 1.739 | 1.860 | 1.980 |
| 54 | | | | 1.867 | 1.996 | 2.125 |
| 56 | | | | | 2.137 | 2.275 |
| 58 | | | | | 2.283 | 2.431 |
| 60 | | | | | 2.434 | 2.592 |

杉原条材积表　　　　　　　　　　　　　　　　单位:m³

| 检尺径＼检尺长 | 17 | 18 | 19 | 20 | 21 | 22 | 23 |
|---|---|---|---|---|---|---|---|
| 10 | 0.124 | 0.131 | 0.138 | 0.146 | 0.153 | 0.160 | 0.167 |
| 12 | 0.164 | 0.173 | 0.183 | 0.192 | 0.201 | 0.211 | 0.220 |
| 14 | 0.209 | 0.221 | 0.233 | 0.245 | 0.257 | 0.268 | 0.280 |
| 16 | 0.259 | 0.274 | 0.289 | 0.304 | 0.319 | 0.333 | 0.348 |
| 18 | 0.315 | 0.333 | 0.351 | 0.369 | 0.387 | 0.405 | 0.423 |
| 20 | 0.376 | 0.398 | 0.420 | 0.441 | 0.463 | 0.484 | 0.506 |
| 22 | 0.443 | 0.469 | 0.494 | 0.519 | 0.545 | 0.570 | 0.595 |
| 24 | 0.516 | 0.545 | 0.575 | 0.604 | 0.634 | 0.663 | 0.693 |
| 26 | 0.593 | 0.627 | 0.661 | 0.695 | 0.729 | 0.763 | 0.797 |
| 28 | 0.676 | 0.715 | 0.754 | 0.793 | 0.831 | 0.870 | 0.909 |
| 30 | 0.765 | 0.809 | 0.853 | 0.896 | 0.940 | 0.984 | 1.028 |

**杉原条材积表**　　　　　　　　　　　　单位:m³

| 检尺长<br>检尺径 | 17 | 18 | 19 | 20 | 21 | 22 | 23 |
|---|---|---|---|---|---|---|---|
| 32 | 0.859 | 0.908 | 0.957 | 1.007 | 1.056 | 1.105 | 1.154 |
| 34 | 0.959 | 1.014 | 1.068 | 1.123 | 1.178 | 1.233 | 1.288 |
| 36 | 1.064 | 1.125 | 1.185 | 1.246 | 1.307 | 1.368 | 1.429 |
| 38 | 1.174 | 1.241 | 1.308 | 1.367 | 1.443 | 1.510 | 1.577 |
| 40 | 1.290 | 1.364 | 1.438 | 1.511 | 1.585 | 1.659 | 1.733 |
| 42 | 1.411 | 1.492 | 1.576 | 1.654 | 1.734 | 1.815 | 1.896 |
| 44 | 1.538 | 1.626 | 1.714 | 1.802 | 1.890 | 1.978 | 2.066 |
| 46 | 1.670 | 1.766 | 1.862 | 1.957 | 2.053 | 2.148 | 2.244 |
| 48 | 1.808 | 1.912 | 2.015 | 2.118 | 2.222 | 2.325 | 2.429 |
| 50 | 1.951 | 2.063 | 2.175 | 2.286 | 2.398 | 2.509 | 2.621 |
| 52 | 2.100 | 2.220 | 2.340 | 2.460 | 2.580 | 2.701 | 2.821 |
| 54 | 2.254 | 2.383 | 2.512 | 2.641 | 2.770 | 2.899 | 3.028 |
| 56 | 2.413 | 2.552 | 2.690 | 2.828 | 2.966 | 3.104 | 3.242 |
| 58 | 2.578 | 2.726 | 2.873 | 3.021 | 3.168 | 3.316 | 3.463 |
| 60 | 2.749 | 2.906 | 3.063 | 3.221 | 3.378 | 3.535 | 3.692 |

**杉原条材积表**　　　　　　　　　　　　　　　　单位:m³

| 检尺长 检尺径 | 24 | 25 | 26 | 27 | 28 | 29 | 30 |
|---|---|---|---|---|---|---|---|
| 10 | 0.174 | 0.181 | 0.188 | 0.195 | 0.202 | 0.210 | 0.217 |
| 12 | 0.229 | 0.239 | 0.248 | 0.257 | 0.267 | 0.276 | 0.286 |
| 14 | 0.292 | 0.304 | 0.316 | 0.328 | 0.340 | 0.352 | 0.364 |
| 16 | 0.363 | 0.378 | 0.393 | 0.408 | 0.422 | 0.437 | 0.452 |
| 18 | 0.441 | 0.459 | 0.477 | 0.495 | 0.513 | 0.531 | 0.549 |
| 20 | 0.527 | 0.549 | 0.570 | 0.592 | 0.613 | 0.635 | 0.656 |
| 22 | 0.621 | 0.646 | 0.672 | 0.697 | 0.722 | 0.748 | 0.773 |
| 24 | 0.722 | 0.752 | 0.781 | 0.810 | 0.840 | 0.869 | 0.899 |
| 26 | 0.831 | 0.865 | 0.899 | 0.933 | 0.967 | 1.001 | 1.034 |
| 28 | 0.947 | 0.986 | 1.025 | 1.063 | 1.102 | 1.141 | 1.180 |
| 30 | 1.071 | 1.115 | 1.159 | 1.203 | 1.247 | 1.290 | 1.334 |

杉原条材积表 单位:m³

| 检尺长 / 检尺径 | 24 | 25 | 26 | 27 | 28 | 29 | 30 |
|---|---|---|---|---|---|---|---|
| 32 | 1.203 | 1.252 | 1.301 | 1.351 | 1.400 | 1.449 | 1.498 |
| 34 | 1.343 | 1.397 | 1.452 | 1.507 | 1.562 | 1.617 | 1.672 |
| 36 | 1.490 | 1.550 | 1.611 | 1.672 | 1.733 | 1.794 | 1.855 |
| 38 | 1.644 | 1.711 | 1.779 | 1.846 | 1.913 | 1.980 | 2.047 |
| 40 | 1.807 | 1.880 | 1.954 | 2.028 | 2.102 | 2.176 | 2.249 |
| 42 | 1.977 | 2.057 | 2.138 | 2.219 | 2.299 | 2.380 | 2.461 |
| 44 | 2.154 | 2.242 | 2.330 | 2.418 | 2.506 | 2.594 | 2.682 |
| 46 | 2.339 | 2.435 | 2.530 | 2.626 | 2.722 | 2.817 | 2.913 |
| 48 | 2.532 | 2.636 | 2.739 | 2.842 | 2.946 | 3.049 | 3.153 |
| 50 | 2.733 | 2.844 | 2.956 | 3.068 | 3.179 | 3.291 | 3.402 |
| 52 | 2.941 | 3.061 | 3.181 | 3.301 | 3.421 | 3.541 | 3.662 |
| 54 | 3.157 | 3.285 | 3.414 | 3.543 | 3.672 | 3.801 | 3.930 |
| 56 | 3.380 | 3.518 | 3.656 | 3.794 | 3.932 | 4.070 | 4.208 |
| 58 | 3.611 | 3.758 | 3.906 | 4.054 | 4.201 | 4.349 | 4.496 |
| 60 | 3.850 | 4.007 | 4.164 | 4.321 | 4.479 | 4.636 | 4.793 |

# 短圆材材积表

短圆材是指检尺长 0.4 m～1.9 m,既不在原木材积表所列的范围,又不符合原条标准的特殊用途材料。

本表是根据国标 GB4814—84《原木材积表》附录 A 中的圆材材积计算公式换算、编制而成。对于查定短圆材的材积极为方便。本表的材积数值精度与国标保持一致,即检尺径 4 cm～6 cm 的短圆材材积数值精确到小数点后第 4 位;检尺径 8 cm～120 cm 的短圆材材积数值保留 3 位小数。本表可查范围为检尺长 0.4 m～1.9 m,检尺径均为 4 cm～120 cm。

**计算公式与检量**

短圆材的材积计算公式如下：

$$V=0.8L(D+0.5L)^2\div10000$$

其中 $V$ 为材积，$m^3$；$L$ 为材长，$m$；$D$ 为检尺径，$cm$。

短圆材的检尺长、检尺径均按国标 GB144.2—84《原木检验　尺寸检量》的规定检量，检尺长的进级范围及长度公差允许范围由供需双方协商解决。短圆材的缺陷限度及分级标准也由供需双方商定。

**使用说明**

本表最上层的项目栏（横栏）为短圆材的检尺长，从左到右逐渐增大；最左边的项目栏（纵栏）是检尺径的变化，自上而下逐渐增大。本表的查阅方法与前面几种材积表的相同，例如要查材长 1.0 m、检尺径 50 cm 短圆材的材积，可翻到 P77，先从横栏中找到 1.0，然后在纵栏中找出 50，横栏垂直线与纵栏水平线的交会点便是所需的材积数 0.204 m³。

| 检尺长 / 检尺径 | 0.4 | 0.5 | 0.6 | 0.7 | 0.8 | 0.9 |
|---|---|---|---|---|---|---|
| 4 | 0.0006 | 0.0007 | 0.0009 | 0.0011 | 0.0012 | 0.0014 |
| 6 | 0.0012 | 0.0016 | 0.0019 | 0.0023 | 0.0026 | 0.0030 |
| 8 | 0.002 | 0.003 | 0.003 | 0.004 | 0.005 | 0.005 |
| 10 | 0.003 | 0.004 | 0.005 | 0.006 | 0.007 | 0.008 |
| 12 | 0.005 | 0.006 | 0.007 | 0.009 | 0.010 | 0.011 |
| 14 | 0.006 | 0.008 | 0.010 | 0.012 | 0.013 | 0.015 |
| 16 | 0.008 | 0.011 | 0.013 | 0.015 | 0.017 | 0.019 |
| 18 | 0.011 | 0.013 | 0.016 | 0.019 | 0.022 | 0.025 |
| 20 | 0.013 | 0.016 | 0.020 | 0.023 | 0.027 | 0.030 |
| 22 | 0.016 | 0.020 | 0.024 | 0.028 | 0.032 | 0.036 |
| 24 | 0.019 | 0.024 | 0.028 | 0.033 | 0.038 | 0.043 |
| 26 | 0.022 | 0.028 | 0.033 | 0.039 | 0.045 | 0.050 |
| 28 | 0.025 | 0.032 | 0.038 | 0.045 | 0.052 | 0.058 |
| 30 | 0.029 | 0.037 | 0.044 | 0.052 | 0.059 | 0.067 |

短圆材材积表                                单位:m³

| 检尺长<br>检尺径 | 0.4 | 0.5 | 0.6 | 0.7 | 0.8 | 0.9 |
|---|---|---|---|---|---|---|
| 32 | 0.033 | 0.042 | 0.050 | 0.059 | 0.067 | 0.076 |
| 34 | 0.037 | 0.047 | 0.056 | 0.066 | 0.076 | 0.085 |
| 36 | 0.042 | 0.053 | 0.063 | 0.074 | 0.085 | 0.096 |
| 38 | 0.047 | 0.059 | 0.070 | 0.082 | 0.094 | 0.106 |
| 40 | 0.052 | 0.065 | 0.078 | 0.091 | 0.104 | 0.118 |
| 42 | 0.057 | 0.071 | 0.086 | 0.100 | 0.115 | 0.130 |
| 44 | 0.063 | 0.078 | 0.094 | 0.110 | 0.126 | 0.142 |
| 46 | 0.068 | 0.086 | 0.103 | 0.120 | 0.138 | 0.155 |
| 48 | 0.074 | 0.093 | 0.112 | 0.131 | 0.150 | 0.169 |
| 50 | 0.081 | 0.101 | 0.121 | 0.142 | 0.163 | 0.183 |
| 52 | 0.087 | 0.109 | 0.131 | 0.153 | 0.176 | 0.198 |
| 54 | 0.094 | 0.118 | 0.142 | 0.165 | 0.189 | 0.213 |
| 56 | 0.101 | 0.127 | 0.152 | 0.178 | 0.204 | 0.229 |
| 58 | 0.108 | 0.136 | 0.163 | 0.191 | 0.218 | 0.246 |
| 60 | 0.116 | 0.145 | 0.175 | 0.204 | 0.233 | 0.263 |

**短圆材材积表**

单位:m³

| 检尺长 检尺径 | 0.4 | 0.5 | 0.6 | 0.7 | 0.8 | 0.9 |
|---|---|---|---|---|---|---|
| 62 | 0.124 | 0.155 | 0.186 | 0.218 | 0.249 | 0.281 |
| 64 | 0.132 | 0.165 | 0.198 | 0.232 | 0.265 | 0.299 |
| 66 | 0.140 | 0.176 | 0.211 | 0.247 | 0.282 | 0.318 |
| 68 | 0.148 | 0.186 | 0.224 | 0.262 | 0.299 | 0.337 |
| 70 | 0.158 | 0.197 | 0.237 | 0.277 | 0.317 | 0.357 |
| 72 | 0.167 | 0.209 | 0.251 | 0.293 | 0.335 | 0.378 |
| 74 | 0.176 | 0.221 | 0.265 | 0.310 | 0.354 | 0.399 |
| 76 | 0.186 | 0.233 | 0.279 | 0.326 | 0.374 | 0.421 |
| 78 | 0.196 | 0.245 | 0.294 | 0.344 | 0.393 | 0.443 |
| 80 | 0.206 | 0.258 | 0.310 | 0.362 | 0.414 | 0.466 |
| 82 | 0.216 | 0.271 | 0.325 | 0.380 | 0.435 | 0.489 |
| 84 | 0.227 | 0.284 | 0.341 | 0.398 | 0.456 | 0.513 |
| 86 | 0.238 | 0.298 | 0.357 | 0.418 | 0.478 | 0.538 |
| 88 | 0.249 | 0.312 | 0.374 | 0.437 | 0.500 | 0.563 |
| 90 | 0.260 | 0.326 | 0.391 | 0.457 | 0.523 | 0.589 |

短圆材材积表　　　　　　　　单位：m³

| 检尺长<br>检尺径 | 0.4 | 0.5 | 0.6 | 0.7 | 0.8 | 0.9 |
|---|---|---|---|---|---|---|
| 92 | 0.272 | 0.340 | 0.409 | 0.478 | 0.546 | 0.615 |
| 94 | 0.284 | 0.355 | 0.427 | 0.499 | 0.570 | 0.642 |
| 96 | 0.296 | 0.371 | 0.445 | 0.520 | 0.595 | 0.670 |
| 98 | 0.308 | 0.386 | 0.464 | 0.542 | 0.620 | 0.698 |
| 100 | 0.321 | 0.402 | 0.483 | 0.564 | 0.645 | 0.726 |
| 102 | 0.334 | 0.418 | 0.502 | 0.587 | 0.671 | 0.756 |
| 104 | 0.347 | 0.435 | 0.522 | 0.610 | 0.698 | 0.786 |
| 106 | 0.361 | 0.452 | 0.542 | 0.633 | 0.725 | 0.816 |
| 108 | 0.375 | 0.469 | 0.563 | 0.657 | 0.752 | 0.847 |
| 110 | 0.389 | 0.486 | 0.584 | 0.682 | 0.780 | 0.878 |
| 112 | 0.403 | 0.504 | 0.605 | 0.707 | 0.809 | 0.910 |
| 114 | 0.417 | 0.522 | 0.627 | 0.732 | 0.838 | 0.943 |
| 116 | 0.432 | 0.541 | 0.649 | 0.758 | 0.867 | 0.976 |
| 118 | 0.447 | 0.559 | 0.672 | 0.784 | 0.897 | 1.010 |
| 120 | 0.462 | 0.578 | 0.695 | 0.811 | 0.928 | 1.045 |

**短圆材材积表**　　　　　　　　　　单位:m³

| 检尺长\检尺径 | 1.0 | 1.1 | 1.2 | 1.3 | 1.4 |
|---|---|---|---|---|---|
| 4 | 0.0016 | 0.0018 | 0.0020 | 0.0022 | 0.0025 |
| 6 | 0.0034 | 0.0038 | 0.0042 | 0.0046 | 0.0050 |
| 8 | 0.006 | 0.006 | 0.007 | 0.008 | 0.008 |
| 10 | 0.009 | 0.010 | 0.011 | 0.012 | 0.013 |
| 12 | 0.013 | 0.014 | 0.015 | 0.017 | 0.018 |
| 14 | 0.017 | 0.019 | 0.020 | 0.022 | 0.024 |
| 16 | 0.022 | 0.024 | 0.026 | 0.029 | 0.031 |
| 18 | 0.027 | 0.030 | 0.033 | 0.036 | 0.039 |
| 20 | 0.034 | 0.037 | 0.041 | 0.044 | 0.048 |
| 22 | 0.041 | 0.045 | 0.049 | 0.053 | 0.058 |
| 24 | 0.048 | 0.053 | 0.058 | 0.063 | 0.068 |
| 26 | 0.056 | 0.062 | 0.068 | 0.074 | 0.080 |
| 28 | 0.065 | 0.072 | 0.079 | 0.085 | 0.092 |
| 30 | 0.074 | 0.082 | 0.090 | 0.098 | 0.106 |

短圆材材积表                                          单位：m³

| 检尺径＼检尺长 | 1.0 | 1.1 | 1.2 | 1.3 | 1.4 |
|---|---|---|---|---|---|
| 32 | 0.085 | 0.093 | 0.102 | 0.111 | 0.120 |
| 34 | 0.095 | 0.105 | 0.115 | 0.125 | 0.135 |
| 36 | 0.107 | 0.118 | 0.129 | 0.140 | 0.151 |
| 38 | 0.119 | 0.131 | 0.143 | 0.155 | 0.168 |
| 40 | 0.131 | 0.145 | 0.158 | 0.172 | 0.186 |
| 42 | 0.145 | 0.159 | 0.174 | 0.189 | 0.204 |
| 44 | 0.158 | 0.175 | 0.191 | 0.207 | 0.224 |
| 46 | 0.173 | 0.191 | 0.208 | 0.226 | 0.244 |
| 48 | 0.188 | 0.207 | 0.227 | 0.246 | 0.266 |
| 50 | 0.204 | 0.225 | 0.246 | 0.267 | 0.288 |
| 52 | 0.221 | 0.243 | 0.266 | 0.288 | 0.311 |
| 54 | 0.238 | 0.262 | 0.286 | 0.311 | 0.335 |
| 56 | 0.255 | 0.281 | 0.308 | 0.334 | 0.360 |
| 58 | 0.274 | 0.302 | 0.330 | 0.358 | 0.386 |
| 60 | 0.293 | 0.323 | 0.353 | 0.383 | 0.413 |

## 短圆材材积表

单位：m³

| 检尺长<br>检尺径 | 1.0 | 1.1 | 1.2 | 1.3 | 1.4 |
|---|---|---|---|---|---|
| 62 | 0.313 | 0.344 | 0.376 | 0.408 | 0.440 |
| 64 | 0.333 | 0.367 | 0.401 | 0.435 | 0.469 |
| 66 | 0.354 | 0.390 | 0.426 | 0.462 | 0.498 |
| 68 | 0.375 | 0.414 | 0.452 | 0.490 | 0.529 |
| 70 | 0.398 | 0.438 | 0.478 | 0.519 | 0.560 |
| 72 | 0.421 | 0.463 | 0.506 | 0.549 | 0.592 |
| 74 | 0.444 | 0.489 | 0.534 | 0.580 | 0.625 |
| 76 | 0.468 | 0.516 | 0.563 | 0.611 | 0.659 |
| 78 | 0.493 | 0.543 | 0.593 | 0.643 | 0.694 |
| 80 | 0.518 | 0.571 | 0.624 | 0.676 | 0.729 |
| 82 | 0.545 | 0.600 | 0.655 | 0.710 | 0.766 |
| 84 | 0.571 | 0.629 | 0.687 | 0.745 | 0.803 |
| 86 | 0.599 | 0.659 | 0.720 | 0.781 | 0.842 |
| 88 | 0.627 | 0.690 | 0.754 | 0.817 | 0.881 |
| 90 | 0.655 | 0.722 | 0.788 | 0.855 | 0.921 |

**短圆材材积表**                                             单位:m³

| 检尺长\检尺径 | 1.0 | 1.1 | 1.2 | 1.3 | 1.4 |
|---|---|---|---|---|---|
| 92 | 0.685 | 0.754 | 0.823 | 0.893 | 0.962 |
| 94 | 0.714 | 0.787 | 0.859 | 0.932 | 1.004 |
| 96 | 0.745 | 0.820 | 0.896 | 0.971 | 1.047 |
| 98 | 0.776 | 0.855 | 0.933 | 1.012 | 1.091 |
| 100 | 0.808 | 0.890 | 0.972 | 1.054 | 1.136 |
| 102 | 0.841 | 0.925 | 1.011 | 1.096 | 1.181 |
| 104 | 0.874 | 0.962 | 1.050 | 1.139 | 1.228 |
| 106 | 0.907 | 0.999 | 1.091 | 1.183 | 1.275 |
| 108 | 0.942 | 1.037 | 1.132 | 1.228 | 1.323 |
| 110 | 0.977 | 1.075 | 1.174 | 1.273 | 1.373 |
| 112 | 1.013 | 1.115 | 1.217 | 1.320 | 1.423 |
| 114 | 1.049 | 1.155 | 1.261 | 1.367 | 1.473 |
| 116 | 1.086 | 1.195 | 1.305 | 1.415 | 1.525 |
| 118 | 1.123 | 1.237 | 1.350 | 1.464 | 1.578 |
| 120 | 1.162 | 1.279 | 1.396 | 1.514 | 1.632 |

**短圆材材积表**                                                    单位:m³

| 检尺长<br>检尺径 | 1.5 | 1.6 | 1.7 | 1.8 | 1.9 |
|---|---|---|---|---|---|
| 4 | 0.0027 | 0.0029 | 0.0032 | 0.0035 | 0.0037 |
| 6 | 0.0055 | 0.0059 | 0.0064 | 0.0069 | 0.0073 |
| 8 | 0.009 | 0.010 | 0.011 | 0.011 | 0.012 |
| 10 | 0.014 | 0.015 | 0.016 | 0.017 | 0.018 |
| 12 | 0.020 | 0.021 | 0.022 | 0.024 | 0.025 |
| 14 | 0.026 | 0.028 | 0.030 | 0.032 | 0.034 |
| 16 | 0.034 | 0.036 | 0.039 | 0.041 | 0.044 |
| 18 | 0.042 | 0.045 | 0.048 | 0.051 | 0.055 |
| 20 | 0.052 | 0.055 | 0.059 | 0.063 | 0.067 |
| 22 | 0.062 | 0.067 | 0.071 | 0.076 | 0.080 |
| 24 | 0.074 | 0.079 | 0.084 | 0.089 | 0.095 |
| 26 | 0.086 | 0.092 | 0.098 | 0.104 | 0.110 |
| 28 | 0.099 | 0.106 | 0.113 | 0.120 | 0.127 |
| 30 | 0.113 | 0.121 | 0.129 | 0.137 | 0.146 |

**短圆材材积表**　　　　　　　　　　　单位:m³

| 检尺长<br>检尺径 | 1.5 | 1.6 | 1.7 | 1.8 | 1.9 |
|---|---|---|---|---|---|
| 32 | 0.129 | 0.138 | 0.147 | 0.156 | 0.165 |
| 34 | 0.145 | 0.155 | 0.165 | 0.175 | 0.186 |
| 36 | 0.162 | 0.173 | 0.185 | 0.196 | 0.208 |
| 38 | 0.180 | 0.193 | 0.205 | 0.218 | 0.231 |
| 40 | 0.199 | 0.213 | 0.227 | 0.241 | 0.255 |
| 42 | 0.219 | 0.234 | 0.250 | 0.265 | 0.280 |
| 44 | 0.240 | 0.257 | 0.274 | 0.290 | 0.307 |
| 46 | 0.262 | 0.280 | 0.299 | 0.317 | 0.335 |
| 48 | 0.285 | 0.305 | 0.325 | 0.344 | 0.364 |
| 50 | 0.309 | 0.330 | 0.352 | 0.373 | 0.395 |
| 52 | 0.334 | 0.357 | 0.380 | 0.403 | 0.426 |
| 54 | 0.360 | 0.384 | 0.409 | 0.434 | 0.459 |
| 56 | 0.386 | 0.413 | 0.440 | 0.466 | 0.493 |
| 58 | 0.414 | 0.443 | 0.471 | 0.500 | 0.528 |
| 60 | 0.443 | 0.473 | 0.504 | 0.534 | 0.565 |

## 短圆材材积表

单位：m³

| 检尺径＼检尺长 | 1.5 | 1.6 | 1.7 | 1.8 | 1.9 |
|---|---|---|---|---|---|
| 62 | 0.473 | 0.505 | 0.537 | 0.570 | 0.602 |
| 64 | 0.503 | 0.537 | 0.572 | 0.607 | 0.641 |
| 66 | 0.535 | 0.571 | 0.608 | 0.644 | 0.681 |
| 68 | 0.567 | 0.606 | 0.645 | 0.684 | 0.723 |
| 70 | 0.601 | 0.642 | 0.683 | 0.724 | 0.765 |
| 72 | 0.635 | 0.678 | 0.722 | 0.765 | 0.809 |
| 74 | 0.671 | 0.716 | 0.762 | 0.808 | 0.854 |
| 76 | 0.707 | 0.755 | 0.803 | 0.852 | 0.900 |
| 78 | 0.744 | 0.795 | 0.846 | 0.896 | 0.947 |
| 80 | 0.782 | 0.836 | 0.889 | 0.942 | 0.996 |
| 82 | 0.822 | 0.878 | 0.934 | 0.990 | 1.046 |
| 84 | 0.862 | 0.920 | 0.979 | 1.038 | 1.097 |
| 86 | 0.903 | 0.964 | 1.026 | 1.087 | 1.149 |
| 88 | 0.945 | 1.009 | 1.074 | 1.138 | 1.203 |
| 90 | 0.988 | 1.055 | 1.123 | 1.190 | 1.257 |

短圆材材积表                    单位:m³

| 检尺长 检尺径 | 1.5 | 1.6 | 1.7 | 1.8 | 1.9 |
|---|---|---|---|---|---|
| 92 | 1.032 | 1.102 | 1.172 | 1.243 | 1.313 |
| 94 | 1.077 | 1.150 | 1.224 | 1.297 | 1.370 |
| 96 | 1.123 | 1.199 | 1.276 | 1.352 | 1.429 |
| 98 | 1.170 | 1.249 | 1.329 | 1.408 | 1.488 |
| 100 | 1.218 | 1.301 | 1.383 | 1.466 | 1.549 |
| 102 | 1.267 | 1.353 | 1.439 | 1.525 | 1.611 |
| 104 | 1.317 | 1.406 | 1.495 | 1.585 | 1.674 |
| 106 | 1.367 | 1.460 | 1.553 | 1.646 | 1.739 |
| 108 | 1.419 | 1.515 | 1.611 | 1.708 | 1.804 |
| 110 | 1.472 | 1.571 | 1.671 | 1.771 | 1.871 |
| 112 | 1.526 | 1.629 | 1.732 | 1.835 | 1.939 |
| 114 | 1.580 | 1.687 | 1.794 | 1.901 | 2.008 |
| 116 | 1.636 | 1.746 | 1.857 | 1.968 | 2.079 |
| 118 | 1.692 | 1.807 | 1.921 | 2.036 | 2.151 |
| 120 | 1.750 | 1.868 | 1.986 | 2.105 | 2.224 |

# 圆材材积表

　　圆材是指那些检尺长超出原木材积表所列的范围，而又不符合原条标准的特殊用途材料。

　　本表是根据国标 GB4814—84《原木材积表》附录 A 中的圆材材积计算公式换算、编制而成，其材积数值精度与国标保持一致，即检尺径 8 cm～150 cm 的圆材材积数值保留 3 位小数。本表可查范围为检尺长 10.2 m～20 m，检尺径均为8 cm～150 cm。

**计算公式与检量**

圆材的材积计算公式如下：

$$V = 0.8L(D + 0.5L)^2 \div 10000$$

其中 $V$ 为材积，$m^3$；$L$ 为材长，$m$；$D$ 为检尺径，$cm$。

圆材的检尺长、检尺径均按国标 GB144.2—84《原木检验　尺寸检量》的规定检量，检尺长的进级范围及长度公差允许范围由供需双方协商解决，而圆材的缺陷限度及分级标准也由供需双方商定。

**使用说明**

本表的横栏为圆材的检尺长，从左到右逐渐增大；纵栏是检尺径的变化，自上而下逐渐增大。例如要查材长 11.0 m、检尺径 50 cm 圆材材积，可翻到 P92，从横栏检尺长中找到 11.0，在纵栏检尺径中找出 50，横栏垂直线与纵栏水平线的交会点便是所需的圆材材积数 2.711 $m^3$。

特别需要指出的是，表中检尺长 10.2 m 的材积值是用检尺长 10.0 m 和 10.4 m 两种圆材的材积值求算术平均值得出的。因为按照圆材材积计算公式算出的结果，10.2 m 的材积比 10.0 m 的材积值还小，这显然是不合理的。用上述平均值的方法算出的检尺长 10.2 m 的材积值，在木材的交易中更有操作性。

圆材材积表 单位:m³

| 检尺长 检尺径 | 10.2 | 10.4 | 10.5 | 10.6 | 10.8 |
|---|---|---|---|---|---|
| 8 | 0.136 | 0.145 | 0.147 | 0.150 | 0.155 |
| 10 | 0.181 | 0.192 | 0.195 | 0.199 | 0.205 |
| 12 | 0.233 | 0.246 | 0.250 | 0.254 | 0.262 |
| 14 | 0.304 | 0.307 | 0.311 | 0.316 | 0.325 |
| 16 | 0.371 | 0.374 | 0.379 | 0.385 | 0.396 |
| 18 | 0.444 | 0.448 | 0.454 | 0.460 | 0.473 |
| 20 | 0.524 | 0.528 | 0.536 | 0.543 | 0.557 |
| 22 | 0.610 | 0.616 | 0.624 | 0.632 | 0.649 |
| 24 | 0.703 | 0.709 | 0.719 | 0.728 | 0.747 |
| 26 | 0.803 | 0.810 | 0.820 | 0.831 | 0.852 |
| 28 | 0.909 | 0.917 | 0.929 | 0.940 | 0.964 |
| 30 | 1.022 | 1.031 | 1.044 | 1.057 | 1.083 |

圆材材积表                    单位：m³

| 检尺长<br>检尺径 | 10.2 | 10.4 | 10.5 | 10.6 | 10.8 |
|---|---|---|---|---|---|
| 32 | 1.141 | 1.151 | 1.166 | 1.180 | 1.209 |
| 34 | 1.267 | 1.278 | 1.294 | 1.310 | 1.341 |
| 36 | 1.400 | 1.412 | 1.429 | 1.446 | 1.481 |
| 38 | 1.539 | 1.553 | 1.571 | 1.590 | 1.627 |
| 40 | 1.685 | 1.700 | 1.720 | 1.740 | 1.781 |
| 42 | 1.837 | 1.854 | 1.875 | 1.897 | 1.941 |
| 44 | 1.996 | 2.014 | 2.037 | 2.061 | 2.108 |
| 46 | 2.162 | 2.181 | 2.206 | 2.232 | 2.283 |
| 48 | 2.334 | 2.355 | 2.382 | 2.409 | 2.464 |
| 50 | 2.512 | 2.535 | 2.564 | 2.593 | 2.652 |
| 52 | 2.698 | 2.722 | 2.753 | 2.784 | 2.847 |
| 54 | 2.890 | 2.916 | 2.949 | 2.982 | 3.049 |
| 56 | 3.088 | 3.116 | 3.151 | 3.187 | 3.257 |
| 58 | 3.293 | 3.323 | 3.360 | 3.398 | 3.473 |
| 60 | 3.505 | 3.537 | 3.576 | 3.616 | 3.695 |

圆材材积表                              单位：m³

| 检尺长 / 检尺径 | 10.2 | 10.4 | 10.5 | 10.6 | 10.8 |
|---|---|---|---|---|---|
| 62 | 3.724 | 3.757 | 3.799 | 3.841 | 3.925 |
| 64 | 3.948 | 3.984 | 4.028 | 4.073 | 4.161 |
| 66 | 4.180 | 4.218 | 4.264 | 4.311 | 4.405 |
| 68 | 4.418 | 4.458 | 4.507 | 4.556 | 4.655 |
| 70 | 4.663 | 4.705 | 4.757 | 4.808 | 4.912 |
| 72 | 4.914 | 4.959 | 5.013 | 5.067 | 5.176 |
| 74 | 5.172 | 5.219 | 5.276 | 5.333 | 5.447 |
| 76 | 5.437 | 5.486 | 5.545 | 5.605 | 5.725 |
| 78 | 5.708 | 5.759 | 5.822 | 5.884 | 6.010 |
| 80 | 5.986 | 6.040 | 6.105 | 6.170 | 6.301 |
| 82 | 6.270 | 6.326 | 6.395 | 6.463 | 6.600 |
| 84 | 6.561 | 6.620 | 6.691 | 6.762 | 6.905 |
| 86 | 6.858 | 6.920 | 6.994 | 7.069 | 7.218 |
| 88 | 7.162 | 7.227 | 7.304 | 7.382 | 7.537 |
| 90 | 7.473 | 7.540 | 7.621 | 7.702 | 7.863 |

圆材材积表                                          单位：m³

| 检尺径＼检尺长 | 10.2 | 10.4 | 10.5 | 10.6 | 10.8 |
|---|---|---|---|---|---|
| 92 | 7.790 | 7.861 | 7.944 | 8.028 | 8.197 |
| 94 | 8.114 | 8.187 | 8.274 | 8.362 | 8.537 |
| 96 | 8.445 | 8.521 | 8.611 | 8.702 | 8.884 |
| 98 | 8.782 | 8.861 | 8.955 | 9.049 | 9.238 |
| 100 | 9.126 | 9.208 | 9.305 | 9.403 | 9.598 |
| 102 | 9.476 | 9.561 | 9.662 | 9.763 | 9.966 |
| 104 | 9.832 | 9.921 | 10.026 | 10.131 | 10.341 |
| 106 | 10.196 | 10.288 | 10.396 | 10.505 | 10.722 |
| 108 | 10.566 | 10.661 | 10.773 | 10.886 | 11.111 |
| 110 | 10.943 | 11.042 | 11.157 | 11.273 | 11.506 |
| 112 | 11.326 | 11.428 | 11.548 | 11.668 | 11.908 |
| 114 | 11.716 | 11.822 | 11.945 | 12.069 | 12.317 |
| 116 | 12.112 | 12.222 | 12.349 | 12.477 | 12.734 |
| 118 | 12.515 | 12.628 | 12.760 | 12.892 | 13.157 |
| 120 | 12.925 | 13.042 | 13.178 | 13.314 | 13.587 |

## 圆材材积表

单位：m³

| 检尺长<br>检尺径 | 10.2 | 10.4 | 10.5 | 10.6 | 10.8 |
|---|---|---|---|---|---|
| 122 | 13.341 | 13.462 | 13.602 | 13.742 | 14.023 |
| 124 | 13.764 | 13.888 | 14.033 | 14.177 | 14.467 |
| 126 | 14.194 | 14.322 | 14.470 | 14.619 | 14.918 |
| 128 | 14.630 | 14.762 | 14.915 | 15.068 | 15.375 |
| 130 | 15.072 | 15.208 | 15.366 | 15.524 | 15.840 |
| 132 | 15.521 | 15.661 | 15.824 | 15.986 | 16.311 |
| 134 | 15.977 | 16.121 | 16.288 | 16.455 | 16.790 |
| 136 | 16.440 | 16.588 | 16.759 | 16.931 | 17.275 |
| 138 | 16.908 | 17.061 | 17.237 | 17.414 | 17.767 |
| 140 | 17.384 | 17.541 | 17.722 | 17.903 | 18.266 |
| 142 | 17.867 | 18.028 | 18.213 | 18.399 | 18.722 |
| 144 | 18.355 | 18.521 | 18.711 | 18.902 | 19.285 |
| 146 | 18.851 | 19.021 | 19.216 | 19.412 | 19.805 |
| 148 | 19.352 | 19.527 | 19.728 | 19.929 | 20.331 |
| 150 | 19.861 | 20.040 | 20.246 | 20.452 | 20.865 |

圆材材积表　　　　　　　　　　　　　　　　　单位:m³

| 检尺长<br>检尺径 | 11.0 | 11.2 | 11.4 | 11.5 | 11.6 | 11.8 |
|---|---|---|---|---|---|---|
| 8 | 0.160 | 0.166 | 0.171 | 0.174 | 0.177 | 0.182 |
| 10 | 0.211 | 0.218 | 0.225 | 0.228 | 0.232 | 0.239 |
| 12 | 0.270 | 0.278 | 0.286 | 0.290 | 0.294 | 0.302 |
| 14 | 0.335 | 0.344 | 0.354 | 0.359 | 0.364 | 0.374 |
| 16 | 0.407 | 0.418 | 0.429 | 0.435 | 0.441 | 0.453 |
| 18 | 0.486 | 0.499 | 0.512 | 0.519 | 0.526 | 0.539 |
| 20 | 0.527 | 0.587 | 0.602 | 0.610 | 0.618 | 0.633 |
| 22 | 0.666 | 0.683 | 0.700 | 0.708 | 0.717 | 0.735 |
| 24 | 0.766 | 0.785 | 0.804 | 0.814 | 0.824 | 0.844 |
| 26 | 0.873 | 0.895 | 0.916 | 0.927 | 0.938 | 0.961 |
| 28 | 0.988 | 1.012 | 1.036 | 1.048 | 1.060 | 1.085 |
| 30 | 1.109 | 1.136 | 1.162 | 1.176 | 1.189 | 1.217 |

圆材材积表

单位:m³

| 检尺长<br>检尺径 | 11.0 | 11.2 | 11.4 | 11.5 | 11.6 | 11.8 |
|---|---|---|---|---|---|---|
| 32 | 1.238 | 1.267 | 1.296 | 1.311 | 1.326 | 1.356 |
| 34 | 1.373 | 1.405 | 1.437 | 1.454 | 1.470 | 1.503 |
| 36 | 1.516 | 1.551 | 1.586 | 1.604 | 1.621 | 1.657 |
| 38 | 1.665 | 1.703 | 1.742 | 1.761 | 1.780 | 1.819 |
| 40 | 1.822 | 1.863 | 1.905 | 1.926 | 1.947 | 1.989 |
| 42 | 1.986 | 2.030 | 2.075 | 2.098 | 2.120 | 2.166 |
| 44 | 2.156 | 2.204 | 2.253 | 2.277 | 2.301 | 2.351 |
| 46 | 2.334 | 2.386 | 2.438 | 2.464 | 2.490 | 2.543 |
| 48 | 2.519 | 2.574 | 2.630 | 2.658 | 2.686 | 2.743 |
| 50 | 2.711 | 2.770 | 2.829 | 2.859 | 2.889 | 2.950 |
| 52 | 2.910 | 2.973 | 3.036 | 3.068 | 3.100 | 3.165 |
| 54 | 3.115 | 3.183 | 3.250 | 3.284 | 3.319 | 3.387 |
| 56 | 3.328 | 3.400 | 3.472 | 3.508 | 3.544 | 3.617 |
| 58 | 3.548 | 3.624 | 3.701 | 3.937 | 3.777 | 3.855 |
| 60 | 3.775 | 3.856 | 3.937 | 3.977 | 4.018 | 4.100 |

**圆材材积表**  单位:m³

| 检尺长 检尺径 | 11.0 | 11.2 | 11.4 | 11.5 | 11.6 | 11.8 |
|---|---|---|---|---|---|---|
| 62 | 4.010 | 4.095 | 4.180 | 4.223 | 4.266 | 4.352 |
| 64 | 4.251 | 4.340 | 4.431 | 4.476 | 4.521 | 4.612 |
| 66 | 4.499 | 4.593 | 4.688 | 4.736 | 4.784 | 4.880 |
| 68 | 4.754 | 4.854 | 4.954 | 5.004 | 5.054 | 5.155 |
| 70 | 5.016 | 5.121 | 5.226 | 5.279 | 5.332 | 5.438 |
| 72 | 5.286 | 5.395 | 5.506 | 5.561 | 5.617 | 5.729 |
| 74 | 5.562 | 5.677 | 5.793 | 5.851 | 5.910 | 6.027 |
| 76 | 5.845 | 5.966 | 6.087 | 6.148 | 6.209 | 6.332 |
| 78 | 6.136 | 6.262 | 6.389 | 6.453 | 6.517 | 6.645 |
| 80 | 6.433 | 6.565 | 6.698 | 6.765 | 6.832 | 6.966 |
| 82 | 6.738 | 6.876 | 7.014 | 7.084 | 7.154 | 7.294 |
| 84 | 7.049 | 7.193 | 7.338 | 7.411 | 7.483 | 7.629 |
| 86 | 7.368 | 7.518 | 7.669 | 7.745 | 7.820 | 7.973 |
| 88 | 7.693 | 7.850 | 8.007 | 8.086 | 8.165 | 8.323 |
| 90 | 8.026 | 8.189 | 8.353 | 8.435 | 8.517 | 8.682 |

## 圆材材积表

单位:m³

| 检尺长 \ 检尺径 | 11.0 | 11.2 | 11.4 | 11.5 | 11.6 | 11.8 |
|---|---|---|---|---|---|---|
| 92 | 8.366 | 8.535 | 8.705 | 8.791 | 8.876 | 9.048 |
| 94 | 8.712 | 8.888 | 9.065 | 9.154 | 9.243 | 9.421 |
| 96 | 9.066 | 9.249 | 9.433 | 9.525 | 9.617 | 9.802 |
| 98 | 9.427 | 9.617 | 9.807 | 9.903 | 9.999 | 10.191 |
| 100 | 9.795 | 9.992 | 10.189 | 10.288 | 10.388 | 10.587 |
| 102 | 10.170 | 10.374 | 10.579 | 10.681 | 10.784 | 10.990 |
| 104 | 10.551 | 10.763 | 10.975 | 11.081 | 11.188 | 11.402 |
| 106 | 10.940 | 11.159 | 11.379 | 11.489 | 11.599 | 11.820 |
| 108 | 11.336 | 11.563 | 11.790 | 11.904 | 12.018 | 12.247 |
| 110 | 11.739 | 11.974 | 12.208 | 12.326 | 12.444 | 12.681 |
| 112 | 12.150 | 12.391 | 12.634 | 12.756 | 12.878 | 13.122 |
| 114 | 12.567 | 12.817 | 13.067 | 13.193 | 13.319 | 13.571 |
| 116 | 12.991 | 13.249 | 13.508 | 13.637 | 13.767 | 14.027 |
| 118 | 13.422 | 13.688 | 13.955 | 14.089 | 14.223 | 14.492 |
| 120 | 13.860 | 14.135 | 14.410 | 14.548 | 14.686 | 14.963 |

单位:m³

| 检尺径＼检尺长 | 11.0 | 11.2 | 11.4 | 11.5 | 11.6 | 11.8 |
|---|---|---|---|---|---|---|
| 122 | 14.306 | 14.588 | 14.872 | 15.014 | 15.157 | 15.442 |
| 124 | 14.758 | 15.049 | 15.342 | 15.488 | 15.635 | 15.929 |
| 126 | 15.217 | 15.517 | 15.819 | 15.969 | 16.121 | 16.423 |
| 128 | 15.684 | 15.993 | 16.303 | 16.458 | 16.613 | 16.925 |
| 130 | 16.157 | 16.475 | 16.794 | 16.954 | 17.114 | 17.435 |
| 132 | 16.638 | 16.965 | 17.293 | 17.457 | 17.622 | 17.951 |
| 134 | 17.125 | 17.461 | 17.799 | 17.968 | 18.137 | 18.476 |
| 136 | 17.620 | 17.965 | 18.312 | 18.486 | 18.660 | 19.008 |
| 138 | 18.121 | 18.476 | 18.833 | 19.011 | 19.190 | 19.548 |
| 140 | 18.630 | 18.995 | 19.360 | 19.544 | 19.727 | 20.095 |
| 142 | 19.146 | 19.520 | 19.896 | 20.084 | 20.272 | 20.649 |
| 144 | 19.668 | 20.053 | 20.438 | 20.631 | 20.824 | 21.212 |
| 146 | 20.198 | 20.592 | 20.988 | 21.186 | 21.384 | 21.781 |
| 148 | 20.735 | 21.139 | 21.545 | 21.748 | 21.951 | 22.359 |
| 150 | 21.279 | 21.693 | 22.109 | 22.317 | 22.526 | 22.944 |

**圆材材积表**

单位:m³

| 检尺长<br>检尺径 | 12.0 | 12.2 | 12.4 | 12.5 | 12.6 | 12.8 |
|---|---|---|---|---|---|---|
| 8 | 0.188 | 0.194 | 0.200 | 0.203 | 0.206 | 0.212 |
| 10 | 0.246 | 0.253 | 0.260 | 0.264 | 0.268 | 0.275 |
| 12 | 0.311 | 0.320 | 0.329 | 0.333 | 0.338 | 0.347 |
| 14 | 0.384 | 0.394 | 0.405 | 0.410 | 0.415 | 0.426 |
| 16 | 0.465 | 0.477 | 0.489 | 0.495 | 0.501 | 0.514 |
| 18 | 0.553 | 0.567 | 0.581 | 0.588 | 0.595 | 0.610 |
| 20 | 0.649 | 0.665 | 0.681 | 0.689 | 0.697 | 0.714 |
| 22 | 0.753 | 0.771 | 0.789 | 0.798 | 0.807 | 0.826 |
| 24 | 0.864 | 0.884 | 0.905 | 0.915 | 0.925 | 0.946 |
| 26 | 0.983 | 1.006 | 1.029 | 1.040 | 1.052 | 1.075 |
| 28 | 1.110 | 1.135 | 1.160 | 1.173 | 1.186 | 1.212 |
| 30 | 1.244 | 1.272 | 1.300 | 1.314 | 1.328 | 1.357 |

**圆材材积表**

单位:m³

| 检尺长<br>检尺径 | 12.0 | 12.2 | 12.4 | 12.5 | 12.6 | 12.8 |
|---|---|---|---|---|---|---|
| 32 | 1.386 | 1.417 | 1.448 | 1.463 | 1.479 | 1.510 |
| 34 | 1.536 | 1.569 | 1.603 | 1.620 | 1.637 | 1.671 |
| 36 | 1.639 | 1.730 | 1.767 | 1.785 | 1.804 | 1.841 |
| 38 | 1.859 | 1.898 | 1.938 | 1.958 | 1.978 | 2.019 |
| 40 | 2.031 | 2.074 | 2.117 | 2.139 | 2.161 | 2.205 |
| 42 | 2.212 | 2.258 | 2.305 | 2.328 | 2.352 | 2.399 |
| 44 | 2.400 | 2.450 | 2.500 | 2.250 | 2.550 | 2.601 |
| 46 | 2.596 | 2.649 | 2.703 | 2.730 | 2.757 | 2.812 |
| 48 | 2.799 | 2.857 | 2.914 | 2.943 | 2.972 | 3.030 |
| 50 | 3.011 | 3.072 | 3.133 | 3.164 | 3.195 | 3.257 |
| 52 | 3.229 | 3.295 | 3.360 | 3.393 | 3.426 | 3.492 |
| 54 | 3.456 | 3.525 | 3.595 | 3.630 | 3.665 | 3.736 |
| 56 | 3.690 | 3.764 | 3.838 | 3.875 | 3.912 | 3.987 |
| 58 | 3.932 | 4.010 | 4.089 | 4.128 | 4.168 | 4.247 |
| 60 | 4.182 | 4.264 | 4.347 | 4.389 | 4.431 | 4.515 |

## 圆材材积表

单位:m³

| 检尺长<br>检尺径 | 12.0 | 12.2 | 12.4 | 12.5 | 12.6 | 12.8 |
|---|---|---|---|---|---|---|
| 62 | 4.439 | 4.526 | 4.614 | 4.658 | 4.702 | 4.791 |
| 64 | 4.704 | 4.796 | 4.889 | 4.935 | 4.982 | 5.075 |
| 66 | 4.977 | 5.074 | 5.171 | 5.220 | 5.269 | 5.368 |
| 68 | 5.257 | 5.359 | 5.462 | 5.513 | 5.565 | 5.668 |
| 70 | 5.545 | 5.652 | 5.760 | 5.814 | 5.868 | 5.977 |
| 72 | 5.841 | 5.953 | 6.066 | 6.123 | 6.180 | 6.294 |
| 74 | 6.144 | 6.262 | 6.381 | 6.440 | 6.500 | 6.619 |
| 76 | 6.455 | 6.579 | 6.703 | 6.765 | 6.827 | 6.953 |
| 78 | 6.774 | 6.903 | 7.033 | 7.098 | 7.163 | 7.294 |
| 80 | 7.100 | 7.235 | 7.371 | 7.439 | 7.507 | 7.644 |
| 82 | 7.434 | 7.575 | 7.717 | 7.788 | 7.859 | 8.002 |
| 84 | 7.776 | 7.923 | 8.071 | 8.145 | 8.219 | 8.368 |
| 86 | 8.125 | 8.279 | 8.433 | 8.510 | 8.587 | 8.743 |
| 88 | 8.483 | 8.642 | 8.803 | 8.883 | 8.964 | 9.125 |
| 90 | 8.847 | 9.014 | 9.180 | 9.264 | 9.348 | 9.516 |

**圆材材积表**　　　　　　　　　　　　　　单位：m³

| 检尺长<br>检尺径 | 12.0 | 12.2 | 12.4 | 12.5 | 12.6 | 12.8 |
|---|---|---|---|---|---|---|
| 92 | 9.220 | 9.393 | 9.566 | 9.653 | 9.740 | 9.915 |
| 94 | 9.600 | 9.780 | 9.960 | 10.050 | 10.141 | 10.322 |
| 96 | 9.988 | 10.174 | 10.361 | 10.455 | 10.549 | 10.737 |
| 98 | 10.383 | 10.577 | 10.771 | 10.686 | 10.966 | 11.161 |
| 100 | 10.787 | 10.987 | 11.188 | 11.289 | 11.390 | 11.593 |
| 102 | 11.197 | 11.405 | 11.614 | 11.718 | 11.823 | 12.033 |
| 104 | 11.616 | 11.831 | 12.047 | 12.155 | 12.263 | 12.481 |
| 106 | 12.042 | 12.265 | 12.488 | 12.600 | 12.712 | 12.937 |
| 108 | 12.476 | 12.706 | 12.937 | 13.053 | 13.169 | 13.401 |
| 110 | 12.918 | 13.156 | 13.394 | 13.514 | 13.634 | 13.874 |
| 112 | 13.367 | 13.613 | 13.859 | 13.983 | 14.107 | 14.355 |
| 114 | 13.824 | 14.078 | 14.332 | 14.460 | 14.588 | 14.844 |
| 116 | 14.289 | 14.551 | 14.813 | 14.945 | 15.077 | 15.341 |
| 118 | 14.761 | 15.031 | 15.302 | 15.438 | 15.574 | 15.847 |
| 120 | 15.241 | 15.520 | 15.799 | 15.939 | 16.079 | 16.360 |

圆材材积表 单位：m³

| 检尺长 检尺径 | 12.0 | 12.2 | 12.4 | 12.5 | 12.6 | 12.8 |
|---|---|---|---|---|---|---|
| 122 | 15.729 | 16.016 | 16.304 | 16.448 | 16.593 | 16.882 |
| 124 | 16.224 | 16.520 | 16.816 | 16.965 | 17.114 | 17.412 |
| 126 | 16.727 | 17.032 | 17.337 | 17.490 | 17.643 | 17.950 |
| 128 | 17.238 | 17.551 | 17.866 | 18.023 | 18.181 | 18.497 |
| 130 | 17.756 | 18.079 | 18.402 | 18.564 | 18.726 | 19.051 |
| 132 | 18.282 | 18.614 | 18.946 | 19.113 | 19.280 | 19.614 |
| 134 | 18.816 | 19.157 | 19.499 | 19.670 | 19.842 | 20.185 |
| 136 | 19.357 | 19.708 | 20.059 | 20.235 | 20.411 | 20.764 |
| 138 | 19.907 | 20.266 | 20.627 | 20.808 | 20.989 | 21.352 |
| 140 | 20.463 | 20.833 | 21.203 | 21.289 | 21.575 | 21.947 |
| 142 | 21.028 | 21.407 | 21.788 | 21.978 | 22.169 | 22.551 |
| 144 | 21.600 | 21.989 | 22.380 | 22.575 | 22.771 | 23.163 |
| 146 | 22.180 | 22.579 | 22.980 | 23.180 | 23.381 | 23.783 |
| 148 | 22.767 | 23.177 | 23.587 | 23.793 | 23.999 | 24.412 |
| 150 | 23.363 | 23.782 | 24.203 | 24.414 | 24.625 | 25.048 |

**圆材材积表**　　　　　　　　　　　　　　单位:m³

| 检尺长<br>检尺径 | 13.0 | 13.2 | 13.4 | 13.5 | 13.6 | 13.8 |
|---|---|---|---|---|---|---|
| 8 | 0.219 | 0.225 | 0.232 | 0.235 | 0.238 | 0.245 |
| 10 | 0.283 | 0.291 | 0.299 | 0.303 | 0.307 | 0.315 |
| 12 | 0.356 | 0.365 | 0.375 | 0.380 | 0.385 | 0.394 |
| 14 | 0.437 | 0.448 | 0.459 | 0.465 | 0.471 | 0.482 |
| 16 | 0.527 | 0.539 | 0.552 | 0.559 | 0.566 | 0.579 |
| 18 | 0.624 | 0.639 | 0.654 | 0.662 | 0.669 | 0.684 |
| 20 | 0.730 | 0.747 | 0.764 | 0.773 | 0.781 | 0.799 |
| 22 | 0.845 | 0.864 | 0.883 | 0.893 | 0.902 | 0.922 |
| 24 | 0.967 | 0.989 | 1.010 | 1.021 | 1.032 | 1.054 |
| 26 | 1.099 | 1.122 | 1.146 | 1.158 | 1.171 | 1.195 |
| 28 | 1.238 | 1.264 | 1.291 | 1.304 | 1.318 | 1.345 |
| 30 | 1.386 | 1.415 | 1.444 | 1.459 | 1.473 | 1.503 |

**圆材材积表**                                                    单位:m³

| 检尺长 \ 检尺径 | 13.0 | 13.2 | 13.4 | 13.5 | 13.6 | 13.8 |
|---|---|---|---|---|---|---|
| 32 | 1.542 | 1.573 | 1.606 | 1.622 | 1.638 | 1.671 |
| 34 | 1.706 | 1.741 | 1.776 | 1.793 | 1.811 | 1.847 |
| 36 | 1.879 | 1.916 | 1.955 | 1.974 | 1.993 | 2.032 |
| 38 | 2.059 | 2.101 | 2.142 | 2.163 | 2.184 | 2.226 |
| 40 | 2.249 | 2.293 | 2.338 | 2.360 | 2.383 | 2.428 |
| 42 | 2.446 | 2.494 | 2.542 | 2.567 | 2.591 | 2.640 |
| 44 | 2.652 | 2.704 | 2.756 | 2.782 | 2.808 | 2.860 |
| 46 | 2.867 | 2.922 | 2.977 | 3.005 | 3.033 | 3.089 |
| 48 | 3.089 | 3.148 | 3.208 | 3.237 | 3.267 | 3.327 |
| 50 | 3.320 | 3.383 | 3.446 | 3.478 | 3.510 | 3.574 |
| 52 | 3.559 | 3.626 | 3.694 | 3.728 | 3.762 | 3.830 |
| 54 | 3.807 | 3.878 | 3.950 | 3.986 | 4.022 | 4.095 |
| 56 | 4.063 | 4.138 | 4.214 | 4.253 | 4.291 | 4.368 |
| 58 | 4.327 | 4.407 | 4.487 | 4.528 | 4.569 | 4.650 |
| 60 | 4.599 | 4.684 | 4.769 | 4.812 | 4.855 | 4.941 |

**圆材材积表**                        单位:m³

| 检尺长 检尺径 | 13.0 | 13.2 | 13.4 | 13.5 | 13.6 | 13.8 |
|---|---|---|---|---|---|---|
| 62 | 4.880 | 4.969 | 5.060 | 5.105 | 5.150 | 5.241 |
| 64 | 5.169 | 5.263 | 5.358 | 5.406 | 5.454 | 5.550 |
| 66 | 5.467 | 5.566 | 5.666 | 5.716 | 5.766 | 5.867 |
| 68 | 5.772 | 5.877 | 5.982 | 6.035 | 6.087 | 6.193 |
| 70 | 6.086 | 6.196 | 6.306 | 6.362 | 6.417 | 6.529 |
| 72 | 6.409 | 6.524 | 6.640 | 6.698 | 6.756 | 6.873 |
| 74 | 6.739 | 6.860 | 6.981 | 7.042 | 7.103 | 7.225 |
| 76 | 7.079 | 7.205 | 7.332 | 7.395 | 7.459 | 7.587 |
| 78 | 7.426 | 7.558 | 7.691 | 7.757 | 7.824 | 7.958 |
| 80 | 7.782 | 7.920 | 8.058 | 8.128 | 8.197 | 8.337 |
| 82 | 8.146 | 8.290 | 8.434 | 8.507 | 8.579 | 8.725 |
| 84 | 8.518 | 8.668 | 8.819 | 8.894 | 8.970 | 9.122 |
| 86 | 8.899 | 9.055 | 9.212 | 9.291 | 9.370 | 9.528 |
| 88 | 9.287 | 9.450 | 9.614 | 9.696 | 9.778 | 9.943 |
| 90 | 9.685 | 9.854 | 10.024 | 10.109 | 10.195 | 10.366 |

**圆材材积表**

单位：m³

| 检尺长 / 检尺径 | 13.0 | 13.2 | 13.4 | 13.5 | 13.6 | 13.8 |
|---|---|---|---|---|---|---|
| 92 | 10.090 | 10.266 | 10.443 | 10.532 | 10.620 | 10.798 |
| 94 | 10.504 | 10.687 | 10.871 | 10.963 | 11.055 | 11.240 |
| 96 | 10.927 | 11.116 | 11.307 | 11.402 | 11.498 | 11.690 |
| 98 | 11.357 | 11.554 | 11.751 | 11.850 | 11.950 | 12.148 |
| 100 | 11.796 | 12.000 | 12.205 | 12.307 | 12.410 | 12.616 |
| 102 | 12.243 | 12.454 | 12.666 | 12.773 | 12.879 | 13.093 |
| 104 | 12.699 | 12.917 | 13.137 | 13.247 | 13.357 | 13.578 |
| 106 | 13.163 | 13.389 | 13.616 | 13.730 | 13.844 | 14.072 |
| 108 | 13.635 | 13.869 | 14.103 | 14.221 | 14.339 | 14.575 |
| 110 | 14.115 | 14.357 | 14.599 | 14.721 | 14.843 | 15.087 |
| 112 | 14.604 | 14.854 | 15.104 | 15.230 | 15.355 | 15.607 |
| 114 | 15.101 | 15.359 | 15.617 | 15.747 | 15.877 | 16.137 |
| 116 | 15.607 | 15.872 | 16.139 | 16.273 | 16.407 | 16.675 |
| 118 | 16.120 | 16.395 | 16.670 | 16.808 | 16.946 | 17.222 |
| 120 | 16.642 | 16.925 | 17.209 | 17.351 | 17.493 | 17.778 |

**圆材材积表**                                          单位：m³

| 检尺长<br>检尺径 | 13.0 | 13.2 | 13.4 | 13.5 | 13.6 | 13.8 |
|---|---|---|---|---|---|---|
| 122 | 17.173 | 17.464 | 17.756 | 17.903 | 18.049 | 18.343 |
| 124 | 17.711 | 18.012 | 18.312 | 18.463 | 18.614 | 18.917 |
| 126 | 18.259 | 18.567 | 18.877 | 19.032 | 19.188 | 19.499 |
| 128 | 18.814 | 19.132 | 19.450 | 19.610 | 19.770 | 20.091 |
| 130 | 19.378 | 19.704 | 20.032 | 20.197 | 20.361 | 20.691 |
| 132 | 19.950 | 20.286 | 20.623 | 20.792 | 20.961 | 21.300 |
| 134 | 20.530 | 20.875 | 21.222 | 21.395 | 21.569 | 21.918 |
| 136 | 21.119 | 21.474 | 21.829 | 22.008 | 22.186 | 22.544 |
| 138 | 21.715 | 22.080 | 22.446 | 22.629 | 22.812 | 23.180 |
| 140 | 22.321 | 22.695 | 23.070 | 23.258 | 23.447 | 23.824 |
| 142 | 22.934 | 23.319 | 23.704 | 23.897 | 24.090 | 24.477 |
| 144 | 23.556 | 23.950 | 24.346 | 24.544 | 24.742 | 25.139 |
| 146 | 24.187 | 24.591 | 24.996 | 25.199 | 25.402 | 25.810 |
| 148 | 24.825 | 25.240 | 25.655 | 25.863 | 26.072 | 26.489 |
| 150 | 25.472 | 25.897 | 26.323 | 26.536 | 26.750 | 27.178 |

**圆材材积表**  单位:m³

| 检尺长 / 检尺径 | 14.0 | 14.2 | 14.4 | 14.5 | 14.6 | 14.8 |
|---|---|---|---|---|---|---|
| 8 | 0.252 | 0.259 | 0.266 | 0.270 | 0.273 | 0.281 |
| 10 | 0.324 | 0.332 | 0.341 | 0.345 | 0.350 | 0.358 |
| 12 | 0.404 | 0.414 | 0.425 | 0.430 | 0.435 | 0.446 |
| 14 | 0.494 | 0.506 | 0.518 | 0.524 | 0.530 | 0.542 |
| 16 | 0.592 | 0.606 | 0.620 | 0.627 | 0.634 | 0.648 |
| 18 | 0.700 | 0.716 | 0.732 | 0.740 | 0.748 | 0.764 |
| 20 | 0.816 | 0.834 | 0.852 | 0.861 | 0.870 | 0.889 |
| 22 | 0.942 | 0.963 | 0.982 | 0.993 | 1.003 | 1.023 |
| 24 | 1.076 | 1.099 | 1.121 | 1.133 | 1.144 | 1.167 |
| 26 | 1.220 | 1.245 | 1.270 | 1.282 | 1.295 | 1.321 |
| 28 | 1.372 | 1.400 | 1.427 | 1.441 | 1.455 | 1.484 |
| 30 | 1.533 | 1.564 | 1.594 | 1.610 | 1.625 | 1.656 |

**圆材材积表**                                          单位:m³

| 检尺长 检尺径 | 14.0 | 14.2 | 14.4 | 14.5 | 14.6 | 14.8 |
|---|---|---|---|---|---|---|
| 32 | 1.704 | 1.737 | 1.770 | 1.787 | 1.804 | 1.838 |
| 34 | 1.883 | 1.919 | 1.955 | 1.974 | 1.992 | 2.029 |
| 36 | 2.071 | 2.110 | 2.150 | 2.170 | 2.190 | 2.230 |
| 38 | 2.268 | 2.311 | 2.354 | 2.375 | 2.397 | 2.440 |
| 40 | 2.474 | 2.520 | 2.566 | 2.590 | 2.613 | 2.660 |
| 42 | 2.689 | 2.739 | 2.789 | 2.814 | 2.839 | 2.889 |
| 44 | 2.913 | 2.966 | 3.020 | 3.047 | 3.074 | 3.128 |
| 46 | 3.146 | 3.203 | 3.260 | 3.289 | 3.318 | 3.376 |
| 48 | 3.388 | 3.449 | 3.510 | 3.541 | 3.572 | 3.634 |
| 50 | 3.639 | 3.704 | 3.769 | 3.802 | 3.835 | 3.901 |
| 52 | 3.899 | 3.968 | 4.037 | 4.072 | 4.107 | 4.178 |
| 54 | 4.168 | 4.241 | 4.315 | 4.352 | 4.389 | 4.464 |
| 56 | 4.445 | 4.523 | 4.601 | 4.641 | 4.680 | 4.759 |
| 58 | 4.732 | 4.814 | 4.897 | 4.939 | 4.980 | 5.064 |
| 60 | 5.028 | 5.115 | 5.202 | 5.246 | 5.290 | 5.379 |

## 圆材材积表

单位:m³

| 检尺径＼检尺长 | 14.0 | 14.2 | 14.4 | 14.5 | 14.6 | 14.8 |
|---|---|---|---|---|---|---|
| 62 | 5.332 | 5.424 | 5.517 | 5.563 | 5.609 | 5.703 |
| 64 | 5.646 | 5.743 | 5.840 | 5.889 | 5.938 | 6.036 |
| 66 | 5.968 | 6.070 | 6.173 | 6.224 | 6.276 | 6.379 |
| 68 | 6.300 | 6.407 | 6.515 | 6.569 | 6.623 | 6.731 |
| 70 | 6.640 | 6.753 | 6.866 | 6.922 | 6.979 | 7.093 |
| 72 | 6.990 | 7.108 | 7.226 | 7.285 | 7.345 | 7.464 |
| 74 | 7.348 | 7.472 | 7.596 | 7.658 | 7.720 | 7.845 |
| 76 | 7.716 | 7.845 | 7.974 | 8.039 | 8.105 | 8.235 |
| 78 | 8.092 | 8.227 | 8.362 | 8.430 | 8.498 | 8.635 |
| 80 | 8.477 | 8.618 | 8.760 | 8.831 | 8.902 | 9.044 |
| 82 | 8.872 | 9.018 | 9.166 | 9.240 | 9.314 | 9.463 |
| 84 | 9.275 | 9.428 | 9.582 | 9.659 | 9.736 | 9.891 |
| 86 | 9.687 | 9.846 | 10.007 | 10.087 | 10.167 | 10.329 |
| 88 | 10.108 | 10.274 | 10.441 | 10.524 | 10.608 | 10.776 |
| 90 | 10.538 | 10.711 | 10.884 | 10.971 | 11.058 | 11.232 |

**圆材材积表**　　　　　　　　　　　　　　　　　　　　　　单位:m³

| 检尺长<br>检尺径 | 14.0 | 14.2 | 14.4 | 14.5 | 14.6 | 14.8 |
|---|---|---|---|---|---|---|
| 92 | 10.977 | 11.156 | 11.336 | 11.427 | 11.517 | 11.698 |
| 94 | 11.425 | 11.611 | 11.798 | 11.892 | 11.986 | 12.174 |
| 96 | 11.882 | 12.075 | 12.269 | 12.366 | 12.464 | 12.659 |
| 98 | 12.348 | 12.548 | 12.749 | 12.850 | 12.951 | 13.153 |
| 100 | 12.823 | 13.030 | 13.239 | 13.343 | 13.448 | 13.657 |
| 102 | 13.307 | 13.522 | 13.737 | 13.845 | 13.954 | 14.171 |
| 104 | 13.800 | 14.022 | 14.245 | 14.357 | 14.469 | 14.693 |
| 106 | 14.301 | 14.531 | 14.762 | 14.878 | 14.993 | 15.226 |
| 108 | 14.812 | 15.050 | 15.288 | 15.408 | 15.527 | 15.768 |
| 110 | 15.332 | 15.577 | 15.824 | 15.947 | 16.071 | 16.319 |
| 112 | 15.860 | 16.114 | 16.368 | 16.496 | 16.624 | 16.880 |
| 114 | 16.398 | 16.660 | 16.922 | 17.054 | 17.186 | 17.450 |
| 116 | 16.944 | 17.215 | 17.485 | 17.621 | 17.757 | 18.029 |
| 118 | 17.500 | 17.778 | 18.058 | 18.198 | 18.338 | 18.619 |
| 120 | 18.064 | 18.351 | 18.639 | 18.783 | 18.928 | 19.217 |

圆材材积表

单位:m³

| 检尺长<br>检尺径 | 14.0 | 14.2 | 14.4 | 14.5 | 14.6 | 14.8 |
|---|---|---|---|---|---|---|
| 122 | 18.638 | 18.933 | 19.230 | 19.378 | 19.527 | 19.825 |
| 124 | 19.220 | 19.525 | 19.830 | 19.983 | 20.136 | 20.443 |
| 126 | 19.812 | 20.125 | 20.439 | 20.596 | 20.754 | 21.070 |
| 128 | 20.412 | 21.353 | 21.685 | 21.852 | 22.018 | 22.352 |
| 130 | 21.021 | 21.353 | 21.685 | 21.852 | 22.018 | 22.352 |
| 132 | 21.640 | 21.980 | 22.322 | 22.493 | 22.664 | 23.008 |
| 134 | 22.267 | 22.617 | 22.968 | 23.144 | 23.320 | 23.673 |
| 136 | 22.903 | 23.263 | 23.623 | 23.804 | 23.985 | 24.347 |
| 138 | 23.548 | 23.917 | 24.288 | 24.473 | 24.659 | 25.031 |
| 140 | 24.202 | 24.581 | 24.961 | 25.152 | 25.342 | 25.724 |
| 142 | 24.865 | 25.254 | 25.644 | 25.840 | 26.035 | 26.427 |
| 144 | 25.537 | 25.936 | 26.336 | 26.537 | 26.737 | 27.140 |
| 146 | 26.218 | 26.627 | 27.038 | 27.243 | 27.449 | 27.861 |
| 148 | 26.908 | 27.328 | 27.748 | 27.959 | 28.170 | 28.593 |
| 150 | 27.607 | 28.037 | 28.468 | 28.684 | 28.900 | 29.333 |

**圆材材积表**　　　　　　　　　　　　单位:m³

| 检尺长<br>检尺径 | 15.0 | 15.2 | 15.4 | 15.5 | 15.6 | 15.8 |
|---|---|---|---|---|---|---|
| 8 | 0.288 | 0.296 | 0.304 | 0.308 | 0.312 | 0.320 |
| 10 | 0.368 | 0.377 | 0.386 | 0.391 | 0.395 | 0.405 |
| 12 | 0.456 | 0.467 | 0.478 | 0.484 | 0.489 | 0.501 |
| 14 | 0.555 | 0.567 | 0.580 | 0.587 | 0.593 | 0.606 |
| 16 | 0.663 | 0.677 | 0.692 | 0.699 | 0.707 | 0.722 |
| 18 | 0.780 | 0.797 | 0.814 | 0.822 | 0.831 | 0.848 |
| 20 | 0.908 | 0.926 | 0.945 | 0.955 | 0.965 | 0.984 |
| 22 | 1.044 | 1.065 | 1.087 | 1.097 | 1.108 | 1.130 |
| 24 | 1.191 | 1.214 | 1.238 | 1.250 | 1.262 | 1.286 |
| 26 | 1.347 | 1.373 | 1.399 | 1.412 | 1.426 | 1.453 |
| 28 | 1.512 | 1.541 | 1.570 | 1.585 | 1.599 | 1.629 |
| 30 | 1.688 | 1.719 | 1.751 | 1.767 | 1.783 | 1.816 |

圆材材积表　　　　　　　　　　　　　　　　单位：m³

| 检尺长<br>检尺径 | 15.0 | 15.2 | 15.4 | 15.5 | 15.6 | 15.8 |
|---|---|---|---|---|---|---|
| 32 | 1.872 | 1.907 | 1.942 | 1.959 | 1.977 | 2.012 |
| 34 | 2.067 | 2.104 | 2.142 | 2.161 | 2.181 | 2.219 |
| 36 | 2.271 | 2.312 | 2.353 | 2.373 | 2.394 | 2.436 |
| 38 | 2.484 | 2.529 | 2.573 | 2.595 | 2.618 | 2.663 |
| 40 | 2.708 | 2.755 | 2.803 | 2.827 | 2.851 | 2.900 |
| 42 | 2.940 | 2.992 | 3.043 | 3.069 | 3.095 | 3.147 |
| 44 | 3.183 | 3.238 | 3.293 | 3.321 | 3.349 | 3.405 |
| 46 | 3.435 | 3.494 | 3.553 | 3.582 | 3.612 | 3.672 |
| 48 | 3.696 | 3.759 | 3.822 | 3.854 | 3.886 | 3.950 |
| 50 | 3.968 | 4.034 | 4.102 | 4.135 | 4.169 | 4.237 |
| 52 | 4.248 | 4.319 | 4.391 | 4.427 | 4.463 | 4.535 |
| 54 | 4.539 | 4.614 | 4.690 | 4.728 | 4.766 | 4.843 |
| 56 | 4.839 | 4.919 | 4.999 | 5.039 | 5.080 | 5.161 |
| 58 | 5.148 | 5.233 | 5.318 | 5.361 | 5.403 | 5.489 |
| 60 | 5.468 | 5.557 | 5.647 | 5.692 | 5.737 | 5.828 |

圆材材积表 单位：m³

| 检尺长 检尺径 | 15.0 | 15.2 | 15.4 | 15.5 | 15.6 | 15.8 |
|---|---|---|---|---|---|---|
| 62 | 5.796 | 5.890 | 5.985 | 6.033 | 6.080 | 6.176 |
| 64 | 6.135 | 6.234 | 6.334 | 6.384 | 6.434 | 6.534 |
| 66 | 6.483 | 6.587 | 6.692 | 6.744 | 6.797 | 6.903 |
| 68 | 6.840 | 6.950 | 7.060 | 7.115 | 7.171 | 7.282 |
| 70 | 7.208 | 7.322 | 7.438 | 7.496 | 7.554 | 7.670 |
| 72 | 7.584 | 7.705 | 7.826 | 7.886 | 7.947 | 8.069 |
| 74 | 7.971 | 8.097 | 8.223 | 8.287 | 8.351 | 8.478 |
| 76 | 8.367 | 8.499 | 8.631 | 8.697 | 8.764 | 8.898 |
| 78 | 8.772 | 8.910 | 9.048 | 9.118 | 9.187 | 9.327 |
| 80 | 9.188 | 9.331 | 9.476 | 9.548 | 9.621 | 9.766 |
| 82 | 9.612 | 9.762 | 9.913 | 9.988 | 10.064 | 10.216 |
| 84 | 10.047 | 10.203 | 10.360 | 10.438 | 10.517 | 10.675 |
| 86 | 10.491 | 10.653 | 10.817 | 10.898 | 10.980 | 11.145 |
| 88 | 10.944 | 11.113 | 11.283 | 11.368 | 11.454 | 11.625 |
| 90 | 11.408 | 11.583 | 11.760 | 11.848 | 11.937 | 12.115 |

圆材材积表　　　　　　　　　　　　　　　　单位:m³

| 检尺长 检尺径 | 15.0 | 15.2 | 15.4 | 15.5 | 15.6 | 15.8 |
|---|---|---|---|---|---|---|
| 92 | 11.880 | 12.063 | 12.246 | 12.338 | 12.430 | 12.615 |
| 94 | 12.363 | 12.552 | 12.742 | 12.838 | 12.933 | 13.125 |
| 96 | 12.855 | 13.051 | 13.249 | 13.347 | 13.447 | 13.645 |
| 98 | 13.356 | 13.560 | 13.765 | 13.867 | 13.970 | 14.176 |
| 100 | 13.868 | 14.079 | 14.290 | 14.396 | 14.503 | 14.716 |
| 102 | 14.388 | 14.607 | 14.826 | 14.936 | 15.046 | 15.267 |
| 104 | 14.919 | 15.145 | 15.372 | 15.485 | 15.599 | 15.827 |
| 106 | 15.459 | 15.692 | 15.927 | 16.044 | 16.162 | 16.392 |
| 108 | 16.008 | 16.250 | 16.492 | 16.614 | 16.735 | 16.979 |
| 110 | 16.568 | 16.817 | 17.067 | 17.193 | 17.318 | 17.570 |
| 112 | 17.136 | 17.394 | 17.652 | 17.782 | 17.911 | 18.171 |
| 114 | 17.715 | 17.980 | 18.247 | 18.381 | 18.514 | 18.783 |
| 116 | 18.303 | 18.577 | 18.852 | 18.989 | 19.127 | 19.404 |
| 118 | 18.900 | 19.183 | 19.466 | 19.608 | 19.750 | 20.035 |
| 120 | 19.508 | 19.799 | 20.091 | 20.237 | 20.383 | 20.677 |

**圆材材积表**                                                                                       单位:m³

| 检尺长 / 检尺径 | 15.0 | 15.2 | 15.4 | 15.5 | 15.6 | 15.8 |
|---|---|---|---|---|---|---|
| 122 | 20.124 | 20.424 | 20.725 | 20.875 | 21.026 | 21.329 |
| 124 | 20.751 | 21.059 | 21.369 | 21.524 | 21.679 | 21.991 |
| 126 | 21.387 | 21.704 | 22.023 | 22.182 | 22.342 | 22.663 |
| 128 | 22.032 | 22.359 | 22.687 | 22.851 | 23.015 | 23.345 |
| 130 | 22.688 | 23.023 | 23.360 | 23.529 | 23.698 | 24.037 |
| 132 | 23.352 | 23.698 | 24.044 | 24.217 | 24.391 | 24.739 |
| 134 | 24.027 | 24.381 | 24.737 | 24.915 | 25.094 | 25.451 |
| 136 | 24.711 | 25.075 | 25.440 | 25.623 | 25.807 | 26.174 |
| 138 | 25.404 | 25.778 | 26.153 | 26.341 | 26.530 | 26.907 |
| 140 | 26.108 | 26.491 | 26.876 | 27.069 | 27.262 | 27.649 |
| 142 | 26.820 | 27.214 | 27.609 | 27.807 | 28.005 | 28.402 |
| 144 | 27.543 | 27.947 | 28.352 | 28.555 | 28.758 | 29.165 |
| 146 | 28.275 | 28.689 | 29.104 | 29.312 | 29.521 | 29.938 |
| 148 | 29.016 | 29.441 | 29.867 | 30.080 | 30.294 | 30.721 |
| 150 | 29.768 | 30.203 | 30.639 | 30.857 | 31.076 | 31.515 |

**圆材材积表**  单位:m³

| 检尺长<br>检尺径 | 16.0 | 16.2 | 16.4 | 16.5 | 16.6 | 16.8 |
|---|---|---|---|---|---|---|
| 8 | 0.328 | 0.336 | 0.344 | 0.349 | 0.353 | 0.361 |
| 10 | 0.415 | 0.425 | 0.435 | 0.440 | 0.445 | 0.455 |
| 12 | 0.512 | 0.524 | 0.535 | 0.541 | 0.547 | 0.559 |
| 14 | 0.620 | 0.633 | 0.647 | 0.653 | 0.660 | 0.674 |
| 16 | 0.737 | 0.753 | 0.768 | 0.776 | 0.784 | 0.800 |
| 18 | 0.865 | 0.883 | 0.901 | 0.910 | 0.919 | 0.937 |
| 20 | 1.004 | 1.023 | 1.043 | 1.053 | 1.064 | 1.084 |
| 22 | 1.152 | 1.174 | 1.197 | 1.208 | 1.219 | 1.242 |
| 24 | 1.311 | 1.335 | 1.360 | 1.373 | 1.385 | 1.411 |
| 26 | 1.480 | 1.507 | 1.535 | 1.548 | 1.562 | 1.590 |
| 28 | 1.695 | 1.689 | 1.719 | 1.735 | 1.750 | 1.781 |
| 30 | 1.848 | 1.881 | 1.915 | 1.931 | 1.948 | 1.982 |

圆材材积表　　　　　　　　　　　　单位:m³

| 检尺长 检尺径 | 16.0 | 16.2 | 16.4 | 16.5 | 16.6 | 16.8 |
|---|---|---|---|---|---|---|
| 32 | 2.048 | 2.084 | 2.120 | 2.138 | 2.157 | 2.194 |
| 34 | 2.258 | 2.297 | 2.336 | 2.356 | 2.376 | 2.416 |
| 36 | 2.478 | 2.520 | 2.563 | 2.585 | 2.606 | 2.650 |
| 38 | 2.708 | 2.754 | 2.800 | 2.824 | 2.847 | 2.894 |
| 40 | 2.949 | 2.998 | 3.048 | 3.073 | 3.098 | 3.148 |
| 42 | 3.200 | 3.253 | 3.306 | 3.333 | 3.360 | 3.414 |
| 44 | 3.461 | 3.518 | 3.575 | 3.604 | 3.632 | 3.690 |
| 46 | 3.732 | 3.793 | 3.854 | 3.885 | 3.916 | 3.977 |
| 48 | 4.014 | 4.079 | 4.144 | 4.177 | 4.209 | 4.275 |
| 50 | 4.306 | 4.375 | 4.444 | 4.479 | 4.514 | 4.584 |
| 52 | 4.608 | 4.681 | 4.755 | 4.792 | 4.829 | 4.903 |
| 54 | 4.920 | 4.998 | 5.076 | 5.511 | 5.154 | 5.233 |
| 56 | 5.243 | 5.325 | 5.408 | 5.449 | 5.491 | 5.574 |
| 58 | 5.576 | 5.662 | 5.750 | 5.794 | 5.837 | 5.926 |
| 60 | 5.919 | 6.010 | 6.102 | 6.149 | 6.195 | 6.288 |

**圆材材积表**

单位:m³

| 检尺长<br>检尺径 | 16.0 | 16.2 | 16.4 | 16.5 | 16.6 | 16.8 |
|---|---|---|---|---|---|---|
| 62 | 6.272 | 6.369 | 6.466 | 6.514 | 6.563 | 6.661 |
| 64 | 6.636 | 6.737 | 6.839 | 6.890 | 6.942 | 7.045 |
| 66 | 7.009 | 7.116 | 7.223 | 7.277 | 7.331 | 7.440 |
| 68 | 7.393 | 7.505 | 7.618 | 7.675 | 7.731 | 7.845 |
| 70 | 7.788 | 7.905 | 8.023 | 8.082 | 8.142 | 8.261 |
| 72 | 8.192 | 8.315 | 8.439 | 8.501 | 8.563 | 8.688 |
| 74 | 8.607 | 8.736 | 8.865 | 8.930 | 8.995 | 9.125 |
| 76 | 9.032 | 9.166 | 9.302 | 9.369 | 9.437 | 9.574 |
| 78 | 9.467 | 9.608 | 9.749 | 9.820 | 9.891 | 10.033 |
| 80 | 9.912 | 10.059 | 10.206 | 10.280 | 10.354 | 10.503 |
| 82 | 10.368 | 10.521 | 10.674 | 10.751 | 10.829 | 10.983 |
| 84 | 10.834 | 10.993 | 11.153 | 11.233 | 11.314 | 11.475 |
| 86 | 11.310 | 11.476 | 11.642 | 11.726 | 11.809 | 11.977 |
| 88 | 11.796 | 11.969 | 12.142 | 12.229 | 12.315 | 12.490 |
| 90 | 12.293 | 12.472 | 12.652 | 12.742. | 12.832 | 13.013 |

## 圆材材积表

单位:m³

| 检尺径＼检尺长 | 16.0 | 16.2 | 16.4 | 16.5 | 16.6 | 16.8 |
|---|---|---|---|---|---|---|
| 92 | 12.800 | 12.986 | 13.173 | 13.266 | 13.360 | 13.548 |
| 94 | 13.317 | 13.510 | 13.704 | 13.801 | 13.898 | 14.093 |
| 96 | 13.844 | 14.045 | 14.245 | 14.346 | 14.447 | 14.649 |
| 98 | 14.382 | 14.589 | 14.797 | 14.902 | 15.006 | 15.215 |
| 100 | 14.930 | 15.145 | 15.360 | 15.468 | 15.576 | 15.793 |
| 102 | 15.488 | 15.710 | 15.933 | 16.045 | 16.157 | 16.381 |
| 104 | 16.056 | 16.286 | 16.517 | 16.632 | 16.748 | 16.980 |
| 106 | 16.635 | 16.872 | 17.111 | 17.230 | 17.350 | 17.589 |
| 108 | 17.224 | 17.469 | 17.715 | 17.839 | 17.962 | 18.210 |
| 110 | 17.823 | 18.076 | 18.330 | 18.458 | 18.585 | 18.841 |
| 112 | 18.432 | 18.694 | 18.956 | 19.087 | 19.219 | 19.483 |
| 114 | 19.052 | 19.321 | 19.592 | 19.727 | 19.863 | 20.135 |
| 116 | 19.681 | 19.959 | 20.238 | 20.378 | 20.518 | 20.799 |
| 118 | 20.321 | 20.608 | 20.895 | 21.040 | 21.184 | 21.473 |
| 120 | 20.972 | 21.267 | 21.563 | 21.711 | 21.860 | 22.158 |

## 圆材材积表

单位:m³

| 检尺长 / 检尺径 | 16.0 | 16.2 | 16.4 | 16.5 | 16.6 | 16.8 |
|---|---|---|---|---|---|---|
| 122 | 21.632 | 21.936 | 22.241 | 22.394 | 22.547 | 22.854 |
| 124 | 22.303 | 22.616 | 22.930 | 23.087 | 23.244 | 23.560 |
| 126 | 22.984 | 23.306 | 23.629 | 23.790 | 23.952 | 24.277 |
| 128 | 23.675 | 24.006 | 24.338 | 24.505 | 24.671 | 25.005 |
| 130 | 24.376 | 24.717 | 25.058 | 25.229 | 25.401 | 25.744 |
| 132 | 25.088 | 25.438 | 25.789 | 25.964 | 26.140 | 26.493 |
| 134 | 25.810 | 26.169 | 26.530 | 26.710 | 26.891 | 27.253 |
| 136 | 26.542 | 26.911 | 27.281 | 27.467 | 27.652 | 28.024 |
| 138 | 27.284 | 27.663 | 28.043 | 28.234 | 28.424 | 28.806 |
| 140 | 28.037 | 28.426 | 28.816 | 29.011 | 29.207 | 29.598 |
| 142 | 28.800 | 29.199 | 29.599 | 29.799 | 30.000 | 30.401 |
| 144 | 29.573 | 29.982 | 30.392 | 30.598 | 30.803 | 31.215 |
| 146 | 30.356 | 30.776 | 31.196 | 31.407 | 31.618 | 32.040 |
| 148 | 31.150 | 31.580 | 32.011 | 32.227 | 32.443 | 32.876 |
| 150 | 31.954 | 32.394 | 32.836 | 33.057 | 33.278 | 33.722 |

**圆材材积表**                                         单位:m³

| 检尺长<br>检尺径 | 17.0 | 17.2 | 17.4 | 17.5 | 17.6 | 17.8 |
|---|---|---|---|---|---|---|
| 8 | 0.370 | 0.379 | 0.388 | 0.393 | 0.397 | 0.407 |
| 10 | 0.465 | 0.476 | 0.487 | 0.492 | 0.498 | 0.509 |
| 12 | 0.572 | 0.584 | 0.596 | 0.603 | 0.609 | 0.622 |
| 14 | 0.689 | 0.703 | 0.717 | 0.725 | 0.732 | 0.747 |
| 16 | 0.816 | 0.833 | 0.849 | 0.858 | 0.866 | 0.883 |
| 18 | 0.955 | 0.974 | 0.992 | 1.002 | 1.011 | 1.030 |
| 20 | 1.105 | 1.126 | 1.147 | 1.157 | 1.168 | 1.189 |
| 22 | 1.265 | 1.288 | 1.312 | 1.324 | 1.336 | 1.360 |
| 24 | 1.437 | 1.462 | 1.488 | 1.502 | 1.515 | 1.541 |
| 26 | 1.619 | 1.647 | 1.676 | 1.691 | 1.705 | 1.734 |
| 28 | 1.812 | 1.843 | 1.875 | 1.891 | 1.907 | 1.939 |
| 30 | 2.016 | 2.050 | 2.085 | 2.102 | 2.120 | 2.155 |

圆材材积表

单位:m³

| 检尺长<br>检尺径 | 17.0 | 17.2 | 17.4 | 17.5 | 17.6 | 17.8 |
|---|---|---|---|---|---|---|
| 32 | 2.231 | 2.268 | 2.306 | 2.325 | 2.344 | 2.382 |
| 34 | 2.457 | 2.497 | 2.538 | 2.559 | 2.579 | 2.621 |
| 36 | 2.693 | 2.737 | 2.781 | 2.804 | 2.826 | 2.871 |
| 38 | 2.941 | 2.988 | 3.036 | 3.060 | 3.084 | 3.132 |
| 40 | 3.199 | 3.250 | 3.301 | 3.327 | 3.353 | 3.405 |
| 42 | 3.468 | 3.523 | 3.578 | 3.606 | 3.634 | 3.689 |
| 44 | 3.749 | 3.807 | 3.866 | 3.896 | 3.925 | 3.985 |
| 46 | 4.040 | 4.102 | 4.165 | 4.197 | 4.228 | 4.292 |
| 48 | 4.341 | 4.408 | 4.475 | 4.509 | 4.543 | 4.610 |
| 50 | 4.654 | 4.725 | 4.796 | 4.832 | 4.686 | 4.940 |
| 52 | 4.978 | 5.053 | 5.129 | 5.167 | 5.205 | 5.281 |
| 54 | 5.313 | 5.392 | 5.472 | 5.513 | 5.553 | 5.634 |
| 56 | 5.658 | 5.742 | 5.837 | 5.870 | 5.912 | 5.998 |
| 58 | 6.014 | 6.103 | 6.193 | 6.238 | 6.283 | 6.373 |
| 60 | 6.381 | 6.475 | 6.570 | 6.617 | 6.665 | 6.760 |

**圆材材积表**　　　　　　　　　　　　　单位:m³

| 检尺长 检尺径 | 17.0 | 17.2 | 17.4 | 17.5 | 17.6 | 17.8 |
|---|---|---|---|---|---|---|
| 62 | 6.760 | 6.858 | 6.958 | 7.008 | 7.058 | 7.158 |
| 64 | 7.149 | 7.253 | 7.357 | 7.410 | 7.462 | 7.568 |
| 66 | 7.548 | 7.658 | 7.767 | 7.823 | 7.878 | 7.989 |
| 68 | 7.959 | 8.074 | 8.189 | 8.247 | 8.305 | 8.421 |
| 70 | 8.381 | 8.501 | 8.622 | 8.682 | 8.743 | 8.865 |
| 72 | 8.813 | 8.939 | 9.065 | 9.129 | 9.192 | 9.320 |
| 74 | 9.257 | 9.388 | 9.520 | 9.587 | 9.653 | 9.786 |
| 76 | 9.711 | 9.848 | 9.986 | 10.056 | 10.125 | 10.264 |
| 78 | 10.176 | 10.319 | 10.464 | 10.536 | 10.608 | 10.753 |
| 80 | 10.652 | 10.802 | 10.952 | 11.027 | 11.103 | 11.254 |
| 82 | 11.139 | 11.295 | 11.451 | 11.530 | 1.608 | 11.766 |
| 84 | 11.637 | 11.799 | 11.962 | 12.044 | 12.125 | 12.290 |
| 86 | 12.145 | 12.314 | 12.484 | 12.569 | 12.654 | 12.825 |
| 88 | 12.665 | 12.840 | 13.016 | 13.105 | 13.193 | 13.371 |
| 90 | 13.195 | 13.377 | 13.560 | 13.652 | 13.744 | 13.928 |

## 圆材材积表

单位：m³

| 检尺长 \ 检尺径 | 17.0 | 17.2 | 17.4 | 17.5 | 17.6 | 17.8 |
|---|---|---|---|---|---|---|
| 92 | 13.736 | 13.926 | 14.116 | 14.211 | 14.306 | 14.497 |
| 94 | 14.289 | 14.485 | 14.682 | 14.781 | 14.880 | 15.078 |
| 96 | 14.852 | 15.055 | 15.259 | 15.362 | 15.464 | 15.670 |
| 98 | 15.425 | 15.636 | 15.848 | 15.954 | 16.060 | 16.273 |
| 100 | 16.010 | 16.228 | 16.447 | 16.557 | 16.667 | 16.888 |
| 102 | 16.606 | 16.832 | 17.058 | 17.172 | 17.286 | 17.514 |
| 104 | 17.213 | 17.446 | 17.680 | 17.798 | 17.915 | 18.151 |
| 106 | 17.830 | 18.071 | 18.313 | 18.435 | 18.556 | 18.800 |
| 108 | 18.458 | 18.707 | 18.957 | 19.083 | 19.208 | 19.460 |
| 110 | 19.097 | 19.355 | 19.613 | 19.742 | 19.872 | 20.131 |
| 112 | 19.748 | 20.013 | 20.279 | 20.413 | 20.546 | 20.814 |
| 114 | 20.409 | 20.682 | 20.957 | 21.095 | 21.232 | 21.509 |
| 116 | 21.080 | 21.363 | 21.646 | 21.788 | 21.930 | 22.214 |
| 118 | 21.763 | 22.054 | 22.346 | 22.492 | 22.638 | 22.932 |
| 120 | 22.457 | 22.756 | 23.057 | 23.207 | 23.358 | 23.660 |

圆材材积表 单位:m³

| 检尺长 检尺径 | 17.0 | 17.2 | 17.4 | 17.5 | 17.6 | 17.8 |
|---|---|---|---|---|---|---|
| 122 | 23.161 | 23.470 | 23.779 | 23.934 | 24.089 | 24.400 |
| 124 | 23.877 | 24.194 | 24.512 | 24.672 | 24.831 | 25.151 |
| 126 | 24.603 | 24.929 | 25.257 | 25.421 | 25.585 | 25.914 |
| 128 | 25.340 | 25.676 | 26.012 | 26.181 | 26.350 | 26.688 |
| 130 | 26.088 | 26.433 | 26.779 | 26.952 | 27.126 | 27.474 |
| 132 | 26.847 | 27.201 | 27.557 | 27.735 | 27.913 | 28.270 |
| 134 | 27.617 | 27.981 | 28.346 | 28.529 | 28.712 | 29.079 |
| 136 | 28.397 | 28.771 | 29.146 | 29.334 | 29.522 | 29.898 |
| 138 | 29.189 | 29.572 | 29.957 | 30.150 | 30.343 | 30.729 |
| 140 | 29.991 | 30.385 | 30.779 | 30.977 | 31.175 | 31.572 |
| 142 | 30.804 | 31.208 | 31.613 | 31.816 | 32.019 | 32.426 |
| 144 | 31.629 | 32.043 | 32.458 | 32.666 | 32.874 | 32.291 |
| 146 | 32.464 | 32.888 | 33.313 | 33.527 | 33.740 | 34.167 |
| 148 | 33.309 | 33.744 | 34.180 | 34.399 | 34.617 | 35.055 |
| 150 | 34.166 | 34.612 | 35.058 | 35.282 | 35.506 | 35.955 |

圆材材积表

单位：m³

| 检尺长<br>检尺径 | 18.0 | 18.2 | 18.4 | 18.5 | 18.6 | 18.8 |
|---|---|---|---|---|---|---|
| 8 | 0.416 | 0.426 | 0.435 | 0.440 | 0.445 | 0.455 |
| 10 | 0.520 | 0.531 | 0.543 | 0.548 | 0.554 | 0.566 |
| 12 | 0.635 | 0.648 | 0.662 | 0.668 | 0.675 | 0.689 |
| 14 | 0.762 | 0.777 | 0.792 | 0.800 | 0.808 | 0.824 |
| 16 | 0.900 | 0.917 | 0.935 | 0.944 | 0.952 | 0.970 |
| 18 | 1.050 | 1.069 | 1.089 | 1.099 | 1.109 | 1.129 |
| 20 | 1.211 | 1.233 | 1.255 | 1.266 | 1.277 | 1.300 |
| 22 | 1.384 | 1.408 | 1.433 | 1.445 | 1.458 | 1.483 |
| 24 | 1.568 | 1.595 | 1.622 | 1.636 | 1.650 | 1.678 |
| 26 | 1.764 | 1.794 | 1.824 | 1.839 | 1.854 | 1.885 |
| 28 | 1.971 | 2.004 | 2.037 | 2.054 | 2.070 | 2.104 |
| 30 | 2.190 | 2.226 | 2.262 | 2.280 | 2.298 | 2.335 |

## 圆材材积表

单位：m³

| 检尺长<br>检尺径 | 18.0 | 18.2 | 18.4 | 18.5 | 18.6 | 18.8 |
|---|---|---|---|---|---|---|
| 32 | 2.421 | 2.459 | 2.499 | 2.518 | 2.538 | 2.578 |
| 34 | 2.663 | 2.705 | 2.747 | 2.768 | 2.790 | 2.833 |
| 36 | 2.916 | 2.962 | 3.007 | 3.030 | 3.054 | 3.100 |
| 38 | 3.181 | 3.230 | 3.279 | 3.304 | 3.329 | 3.379 |
| 40 | 3.457 | 3.510 | 3.563 | 3.590 | 3.617 | 3.670 |
| 42 | 3.745 | 3.802 | 3.859 | 3.887 | 3.916 | 3.974 |
| 44 | 4.045 | 4.105 | 4.166 | 4.197 | 4.227 | 4.289 |
| 46 | 4.356 | 4.420 | 4.485 | 4.518 | 4.550 | 4.616 |
| 48 | 4.679 | 4.747 | 4.816 | 4.851 | 4.886 | 4.955 |
| 50 | 5.013 | 5.086 | 5.159 | 5.196 | 5.233 | 5.307 |
| 52 | 5.358 | 5.436 | 5.513 | 5.552 | 5.591 | 5.670 |
| 54 | 5.715 | 5.797 | 5.880 | 5.921 | 5.962 | 6.045 |
| 56 | 6.084 | 6.171 | 6.258 | 6.301 | 6.345 | 6.433 |
| 58 | 6.464 | 6.556 | 6.647 | 6.693 | 6.740 | 6.832 |
| 60 | 6.856 | 6.952 | 7.049 | 7.097 | 7.146 | 7.244 |

**圆材材积表**                                                          单位：m³

| 检尺径\检尺长 | 18.0 | 18.2 | 18.4 | 18.5 | 18.6 | 18.8 |
|---|---|---|---|---|---|---|
| 62 | 7.259 | 7.360 | 7.462 | 7.513 | 7.565 | 7.667 |
| 64 | 7.674 | 7.780 | 7.887 | 7.941 | 7.995 | 8.103 |
| 66 | 8.100 | 8.212 | 8.324 | 8.381 | 8.437 | 8.550 |
| 68 | 8.538 | 8.655 | 8.773 | 8.832 | 8.891 | 9.010 |
| 70 | 8.987 | 9.110 | 9.233 | 9.295 | 9.357 | 9.482 |
| 72 | 9.448 | 9.576 | 9.706 | 9.770 | 9.835 | 9.965 |
| 74 | 9.920 | 10.055 | 10.190 | 10.257 | 10.325 | 10.461 |
| 76 | 10.404 | 10.544 | 10.685 | 10.756 | 10.827 | 10.969 |
| 78 | 10.899 | 11.046 | 11.193 | 11.267 | 11.340 | 11.489 |
| 80 | 11.406 | 11.559 | 11.712 | 11.789 | 11.866 | 12.021 |
| 82 | 11.925 | 12.084 | 12.243 | 12.323 | 12.404 | 12.564 |
| 84 | 12.455 | 12.620 | 12.786 | 12.869 | 12.953 | 13.120 |
| 86 | 12.996 | 13.168 | 13.341 | 13.427 | 13.514 | 13.688 |
| 88 | 13.549 | 13.728 | 13.907 | 13.997 | 14.087 | 14.268 |
| 90 | 14.113 | 14.299 | 14.485 | 14.579 | 14.672 | 14.860 |

圆材材积表　　　　　　　　　　　　　单位:m³

| 检尺长 检尺径 | 18.0 | 18.2 | 18.4 | 18.5 | 18.6 | 18.8 |
|---|---|---|---|---|---|---|
| 92 | 14.689 | 14.882 | 15.075 | 15.172 | 15.269 | 15.464 |
| 94 | 15.277 | 15.477 | 15.677 | 15.778 | 15.878 | 16.080 |
| 96 | 15.876 | 16.083 | 16.291 | 16.395 | 16.499 | 16.708 |
| 98 | 16.487 | 16.701 | 16.916 | 17.024 | 17.132 | 17.348 |
| 100 | 17.109 | 17.330 | 17.553 | 17.665 | 17.776 | 18.000 |
| 102 | 17.742 | 17.972 | 18.202 | 18.317 | 18.433 | 18.665 |
| 104 | 18.387 | 18.625 | 18.863 | 19.982 | 19.101 | 19.341 |
| 106 | 19.044 | 19.289 | 19.535 | 19.658 | 19.782 | 20.029 |
| 108 | 19.712 | 19.965 | 20.219 | 20.346 | 20.474 | 20.729 |
| 110 | 20.392 | 20.653 | 20.915 | 21.046 | 21.178 | 21.442 |
| 112 | 21.083 | 21.353 | 21.623 | 21.758 | 21.894 | 22.166 |
| 114 | 21.786 | 22.064 | 22.342 | 22.482 | 22.622 | 22.902 |
| 116 | 22.500 | 22.786 | 23.074 | 23.218 | 23.362 | 23.651 |
| 118 | 23.226 | 23.521 | 23.817 | 23.965 | 24.113 | 24.411 |
| 120 | 23.963 | 24.267 | 24.572 | 24.724 | 24.877 | 25.184 |

**圆材材积表**　　　　　　　　　　　　　　单位:m³

| 检尺长<br>检尺径 | 18.0 | 18.2 | 18.4 | 18.5 | 18.6 | 18.8 |
|---|---|---|---|---|---|---|
| 122 | 24.712 | 25.025 | 25.338 | 25.495 | 25.653 | 25.968 |
| 124 | 25.472 | 25.794 | 26.117 | 26.278 | 26.440 | 26.765 |
| 126 | 26.244 | 26.575 | 26.907 | 27.073 | 27.239 | 27.573 |
| 128 | 27.027 | 27.368 | 27.709 | 27.880 | 28.051 | 28.394 |
| 130 | 27.822 | 28.172 | 28.522 | 28.698 | 28.874 | 29.226 |
| 132 | 28.629 | 28.988 | 29.348 | 29.528 | 29.709 | 30.071 |
| 134 | 29.447 | 29.815 | 30.185 | 30.370 | 30.556 | 30.928 |
| 136 | 30.276 | 30.655 | 31.034 | 31.224 | 31.415 | 31.796 |
| 138 | 31.117 | 31.506 | 31.895 | 32.090 | 32.286 | 32.677 |
| 140 | 31.969 | 32.368 | 32.768 | 32.968 | 33.168 | 33.570 |
| 142 | 32.833 | 33.242 | 33.652 | 33.857 | 34.063 | 34.475 |
| 144 | 33.709 | 34.128 | 34.548 | 34.759 | 34.969 | 35.391 |
| 146 | 34.596 | 35.026 | 35.456 | 35.672 | 35.888 | 36.320 |
| 148 | 35.495 | 35.935 | 36.376 | 36.597 | 36.818 | 37.261 |
| 150 | 36.405 | 36.855 | 37.307 | 37.534 | 37.760 | 38.214 |

圆材材积表 单位:m³

| 检尺长<br>检尺径 | 19.0 | 19.2 | 19.4 | 19.5 | 19.6 | 19.8 | 20.0 |
|---|---|---|---|---|---|---|---|
| 8 | 0.466 | 0.476 | 0.486 | 0.491 | 0.497 | 0.508 | 0.518 |
| 10 | 0.578 | 0.590 | 0.602 | 0.608 | 0.615 | 0.627 | 0.640 |
| 12 | 0.703 | 0.717 | 0.731 | 0.738 | 0.745 | 0.760 | 0.774 |
| 14 | 0.839 | 0.855 | 0.872 | 0.880 | 0.888 | 0.905 | 0.922 |
| 16 | 0.988 | 1.007 | 1.025 | 1.034 | 1.044 | 1.063 | 1.082 |
| 18 | 1.150 | 1.170 | 1.191 | 1.201 | 1.212 | 1.233 | 1.254 |
| 20 | 1.323 | 1.346 | 1.369 | 1.381 | 1.392 | 1.416 | 1.440 |
| 22 | 1.508 | 1.534 | 1.560 | 1.573 | 1.586 | 1.612 | 1.638 |
| 24 | 1.706 | 1.734 | 1.763 | 1.777 | 1.791 | 1.820 | 1.850 |
| 26 | 1.916 | 1.947 | 1.978 | 1.994 | 2.010 | 2.041 | 2.074 |
| 28 | 2.138 | 2.172 | 2.206 | 2.223 | 2.240 | 2.275 | 2.310 |
| 30 | 2.372 | 2.409 | 2.446 | 2.465 | 2.484 | 2.522 | 2.560 |

**圆材材积表**

单位：m³

| 检尺长<br>检尺径 | 19.0 | 19.2 | 19.4 | 19.5 | 19.6 | 19.8 | 20.0 |
|---|---|---|---|---|---|---|---|
| 32 | 2.618 | 2.658 | 2.699 | 2.719 | 2.740 | 2.781 | 2.822 |
| 34 | 2.876 | 2.920 | 2.964 | 2.986 | 3.008 | 3.053 | 3.098 |
| 36 | 3.147 | 3.194 | 3.241 | 3.265 | 3.289 | 3.337 | 3.386 |
| 38 | 3.430 | 3.480 | 3.531 | 3.557 | 3.583 | 3.634 | 3.686 |
| 40 | 3.724 | 3.779 | 3.834 | 3.861 | 3.889 | 3.944 | 4.000 |
| 42 | 4.031 | 4.090 | 4.148 | 4.178 | 4.207 | 4.267 | 4.326 |
| 44 | 4.351 | 4.413 | 4.475 | 4.507 | 4.538 | 4.602 | 4.666 |
| 46 | 4.682 | 4.748 | 4.815 | 4.849 | 4.882 | 4.950 | 5.018 |
| 48 | 5.026 | 5.096 | 5.167 | 5.203 | 5.238 | 5.310 | 5.382 |
| 50 | 5.381 | 5.456 | 5.531 | 5.569 | 5.607 | 5.683 | 5.760 |
| 52 | 5.749 | 5.828 | 5.908 | 5.948 | 5.989 | 6.069 | 6.150 |
| 54 | 6.129 | 6.213 | 6.298 | 6.340 | 6.382 | 6.468 | 6.554 |
| 56 | 6.521 | 6.610 | 6.699 | 6.744 | 6.789 | 6.879 | 6.970 |
| 58 | 6.926 | 7.019 | 7.113 | 7.160 | 7.208 | 7.303 | 7.398 |
| 60 | 7.342 | 7.441 | 7.540 | 7.589 | 7.639 | 7.739 | 7.840 |

**圆材材积表**　　　　　　　　　　　　单位:m³

| 检尺长<br>检尺径 | 19.0 | 19.2 | 19.4 | 19.5 | 19.6 | 19.8 | 20.0 |
|---|---|---|---|---|---|---|---|
| 62 | 7.771 | 7.874 | 7.979 | 8.031 | 8.083 | 8.189 | 8.294 |
| 64 | 8.211 | 8.320 | 8.430 | 8.485 | 8.540 | 8.651 | 8.762 |
| 66 | 8.664 | 8.779 | 8.894 | 8.951 | 9.009 | 9.125 | 9.242 |
| 68 | 9.130 | 9.249 | 9.370 | 9.430 | 9.491 | 9.612 | 9.734 |
| 70 | 9.607 | 9.732 | 9.858 | 9.922 | 9.985 | 10.112 | 10.240 |
| 72 | 10.096 | 10.228 | 10.359 | 10.426 | 10.492 | 10.625 | 10.758 |
| 74 | 10.598 | 10.735 | 10.873 | 10.942 | 11.011 | 11.150 | 11.290 |
| 76 | 11.112 | 11.225 | 11.399 | 11.471 | 11.543 | 11.688 | 11.834 |
| 78 | 11.638 | 11.787 | 11.937 | 12.012 | 12.087 | 12.239 | 12.390 |
| 80 | 12.176 | 12.331 | 12.488 | 12.566 | 12.644 | 12.802 | 12.960 |
| 82 | 12.726 | 12.888 | 13.051 | 13.132 | 13.214 | 13.378 | 13.542 |
| 84 | 13.288 | 13.457 | 13.626 | 13.711 | 13.796 | 13.966 | 14.138 |
| 86 | 13.863 | 14.038 | 14.214 | 14.302 | 14.391 | 14.568 | 14.746 |
| 88 | 14.450 | 14.632 | 14.814 | 14.906 | 14.998 | 15.182 | 15.366 |
| 90 | 15.048 | 15.237 | 15.427 | 15.522 | 15.617 | 15.808 | 16.000 |

圆材材积表

单位：m³

| 检尺长 / 检尺径 | 19.0 | 19.2 | 19.4 | 19.5 | 19.6 | 19.8 | 20.0 |
|---|---|---|---|---|---|---|---|
| 92 | 15.659 | 15.855 | 16.052 | 16.151 | 16.250 | 16.448 | 16.646 |
| 94 | 16.283 | 16.486 | 16.690 | 16.792 | 16.894 | 17.100 | 17.306 |
| 96 | 16.918 | 17.128 | 17.340 | 17.446 | 17.552 | 17.764 | 17.978 |
| 98 | 17.566 | 17.783 | 18.002 | 18.112 | 18.221 | 18.442 | 18.662 |
| 100 | 18.225 | 18.451 | 18.677 | 18.790 | 18.904 | 19.132 | 19.360 |
| 102 | 18.897 | 19.130 | 19.364 | 19.481 | 19.599 | 19.834 | 20.070 |
| 104 | 19.581 | 19.822 | 20.064 | 20.185 | 20.306 | 20.550 | 20.794 |
| 106 | 20.277 | 20.526 | 20.776 | 20.901 | 21.026 | 21.278 | 21.530 |
| 108 | 20.986 | 21.243 | 21.500 | 21.629 | 21.759 | 22.018 | 22.278 |
| 110 | 21.706 | 21.971 | 22.237 | 22.370 | 22.504 | 22.772 | 23.040 |
| 112 | 22.439 | 22.712 | 22.987 | 23.124 | 23.262 | 23.538 | 23.814 |
| 114 | 23.183 | 23.465 | 23.748 | 23.890 | 24.032 | 24.316 | 24.602 |
| 116 | 23.940 | 24.231 | 24.522 | 24.668 | 24.815 | 25.108 | 25.402 |
| 118 | 24.710 | 25.009 | 25.309 | 25.459 | 25.610 | 25.912 | 26.214 |
| 120 | 25.491 | 25.799 | 26.108 | 26.263 | 26.418 | 26.728 | 27.040 |

圆材材积表                          单位:m³

| 检尺长<br>检尺径 | 19.0 | 19.2 | 19.4 | 19.5 | 19.6 | 19.8 | 20.0 |
|---|---|---|---|---|---|---|---|
| 122 | 26.284 | 26.601 | 26.919 | 27.079 | 27.238 | 27.558 | 27.878 |
| 124 | 27.090 | 27.416 | 27.743 | 27.907 | 28.071 | 28.400 | 28.730 |
| 126 | 27.908 | 28.243 | 28.579 | 28.748 | 28.916 | 29.255 | 29.594 |
| 128 | 28.738 | 29.082 | 29.428 | 29.601 | 29.775 | 30.122 | 30.470 |
| 130 | 29.580 | 29.934 | 30.289 | 30.467 | 30.645 | 31.002 | 31.360 |
| 132 | 30.434 | 30.798 | 31.162 | 31.345 | 31.528 | 31.895 | 32.262 |
| 134 | 31.300 | 31.674 | 32.048 | 32.236 | 32.424 | 32.800 | 33.178 |
| 136 | 32.179 | 32.562 | 32.947 | 33.139 | 33.332 | 33.718 | 34.106 |
| 138 | 33.070 | 33.463 | 33.857 | 34.055 | 34.253 | 34.649 | 35.046 |
| 140 | 33.972 | 34.376 | 34.780 | 34.983 | 35.186 | 35.592 | 36.000 |
| 142 | 34.887 | 35.301 | 35.716 | 35.924 | 36.132 | 36.549 | 36.966 |
| 144 | 35.815 | 36.239 | 36.664 | 36.877 | 37.090 | 37.517 | 37.946 |
| 146 | 36.754 | 37.189 | 37.624 | 37.843 | 38.061 | 38.499 | 38.938 |
| 148 | 37.706 | 38.151 | 38.597 | 38.821 | 39.045 | 39.493 | 39.942 |
| 150 | 38.669 | 39.125 | 39.582 | 39.811 | 40.041 | 40.500 | 40.960 |

# 锯材材积表

本表是在 GB449—84《锯材材积表》的基础上编制而成，可用于查定普通锯材和特等锯材的材积。本表材积数值的精度与国标一致，材长 1.0 m～1.9 m 的锯材材积保留 5 位小数，材长 2.0 m～6.0 m 的保留 4 位小数。本表的可查范围为材长 1.0 m～6.0 m、材厚 12 mm～70 mm、材宽 50 mm～300 mm。

**计算方法**

锯材材积按长方体的体积计算，其计算公式如下：

$$V = L \times W \times T \div 1000000$$

式中 $V$ 为材积，$\text{m}^3$；$L$ 为材长，m；$W$ 为材宽，mm；$T$ 为材厚，mm。

**检尺长和检尺径检量**

(1)锯材长度是沿长方向检量两端间的最短距离。材长以米为单位,量至厘米,不足1 cm的部分舍去。如果锯材的实际材长小于标准长度,但又不超过标准规定的下偏差时,仍按标准长度计算;如果超过下偏差,则按下一级长度计算,其多余部分舍去不计。普通锯材和特等锯材的尺寸公差如下表所示。

(2)锯材的宽度和厚度是在材长范围内除去两端各15 cm的任意无钝棱部位检量,材宽、材厚以毫米为单位,量至毫米,不足1 mm则舍去。板材厚度和方材宽度、厚度的上偏差和下偏差也许同时存在,并分别计算。板材实际宽度小于标准宽度,但不超过标准规定的下偏差时,仍按标准宽度计算;如果超过下偏差,则按下一级宽度计算。

**使用说明**

本表的横栏为锯材材厚,纵栏为锯材材宽。如果我们需要查找材长6.0 m、材厚25 mm、材宽100 mm的锯材材积,可翻到P263,找到材长

6.0m的锯材材积表,从横栏材厚中找到25,纵栏材宽中找到100,横栏垂直线与纵栏水平线的交会处便是所需材积数值0.0150m³。

| 种类 | 尺寸范围 | 公差 |
|------|----------|------|
| 长度(m) | 不足2.0 | +3 cm<br>-1 cm |
| | 自2.0以上 | +6 cm<br>-2 cm |
| 宽度、厚度<br>(mm) | 自20以下 | +2 mm<br>-1 mm |
| | 21~100 | ±2 mm |
| | 101以上 | ±3 mm |

材长:1.0m　　　　　　　　　　锯材材积表　　　　　　　　　单位:m³

| 材宽 ＼ 材厚 | 12 | 15 | 18 | 21 | 25 |
|---|---|---|---|---|---|
| 50 | 0.00060 | 0.00075 | 0.00090 | 0.00105 | 0.00125 |
| 60 | 0.00072 | 0.00090 | 0.00108 | 0.00126 | 0.00150 |
| 70 | 0.00084 | 0.00105 | 0.00126 | 0.00147 | 0.00175 |
| 80 | 0.00096 | 0.00120 | 0.00144 | 0.00168 | 0.00200 |
| 90 | 0.00108 | 0.00135 | 0.00162 | 0.00189 | 0.00225 |
| 100 | 0.00120 | 0.00150 | 0.00180 | 0.00210 | 0.00250 |
| 110 | 0.00132 | 0.00165 | 0.00198 | 0.00231 | 0.00275 |
| 120 | 0.00144 | 0.00180 | 0.00216 | 0.00252 | 0.00300 |
| 130 | 0.00156 | 0.00195 | 0.00234 | 0.00273 | 0.00325 |
| 140 | 0.00168 | 0.00210 | 0.00252 | 0.00294 | 0.00350 |
| 150 | 0.00180 | 0.00225 | 0.00270 | 0.00315 | 0.00375 |

材长：1.0m　　　　　　　　锯材材积表　　　　　　　单位：m³

| 材宽 ＼ 材厚 | 12 | 15 | 18 | 21 | 25 |
|---|---|---|---|---|---|
| 160 | 0.00192 | 0.00240 | 0.00288 | 0.00336 | 0.00400 |
| 170 | 0.00204 | 0.00255 | 0.00306 | 0.00357 | 0.00425 |
| 180 | 0.00216 | 0.00270 | 0.00324 | 0.00378 | 0.00450 |
| 190 | 0.00228 | 0.00285 | 0.00342 | 0.00399 | 0.00475 |
| 200 | 0.00240 | 0.00300 | 0.00360 | 0.00420 | 0.00500 |
| 210 | 0.00252 | 0.00315 | 0.00378 | 0.00441 | 0.00525 |
| 220 | 0.00264 | 0.00330 | 0.00396 | 0.00462 | 0.00550 |
| 230 | 0.00276 | 0.00345 | 0.00414 | 0.00483 | 0.00575 |
| 240 | 0.00288 | 0.00360 | 0.00432 | 0.00504 | 0.00600 |
| 250 | 0.00300 | 0.00375 | 0.00450 | 0.00525 | 0.00625 |
| 260 | 0.00312 | 0.00390 | 0.00468 | 0.00546 | 0.00650 |
| 270 | 0.00324 | 0.00405 | 0.00486 | 0.00567 | 0.00675 |
| 280 | 0.00336 | 0.00420 | 0.00504 | 0.00588 | 0.00700 |
| 290 | 0.00348 | 0.00435 | 0.00522 | 0.00609 | 0.00725 |
| 300 | 0.00360 | 0.00450 | 0.00540 | 0.00630 | 0.00750 |

| 材长:1.0m | | 锯材材积表 | | | 单位:m³ |
|---|---|---|---|---|---|
| 材宽＼材厚 | 30 | 40 | 50 | 60 | 70 |
| 50 | 0.00150 | 0.00200 | 0.00250 | 0.00300 | 0.00350 |
| 60 | 0.00180 | 0.00240 | 0.00300 | 0.00360 | 0.00420 |
| 70 | 0.00210 | 0.00280 | 0.00350 | 0.00420 | 0.00490 |
| 80 | 0.00240 | 0.00320 | 0.00400 | 0.00480 | 0.00560 |
| 90 | 0.00270 | 0.00360 | 0.00450 | 0.00540 | 0.00630 |
| 100 | 0.00300 | 0.00400 | 0.00500 | 0.00600 | o.00700 |
| 110 | 0.00330 | 0.00440 | 0.00550 | 0.00660 | 0.00770 |
| 120 | 0.00360 | 0.00480 | 0.00600 | 0.00720 | 0.00840 |
| 130 | 0.00390 | 0.00520 | 0.00650 | 0.00780 | 0.00910 |
| 140 | 0.00420 | 0.00560 | 0.00700 | 0.00840 | 0.00980 |
| 150 | 0.00450 | 0.00600 | 0.00750 | 0.00900 | 0.01050 |

材长:1.0 m　　　　　　　　　　锯材材积表　　　　　　　　　　单位:m³

| 材厚<br>材宽 | 30 | 40 | 50 | 60 | 70 |
|---|---|---|---|---|---|
| 160 | 0.00480 | 0.00640 | 0.00800 | 0.00960 | 0.01120 |
| 170 | 0.00510 | 0.00680 | 0.00850 | 0.01020 | 0.01190 |
| 180 | 0.00540 | 0.00720 | 0.00900 | 0.01080 | 0.01260 |
| 190 | 0.00570 | 0.00760 | 0.00950 | 0.01140 | 0.01330 |
| 200 | 0.00600 | 0.00800 | 0.01000 | 0.01200 | 0.01400 |
| 210 | 0.00630 | 0.00840 | 0.01050 | 0.01260 | 0.01470 |
| 220 | 0.00660 | 0.00880 | 0.01100 | 0.01320 | 0.01540 |
| 230 | 0.00690 | 0.00920 | 0.01150 | 0.01380 | 0.01610 |
| 240 | 0.00720 | 0.00960 | 0.01200 | 0.01440 | 0.01680 |
| 250 | 0.00750 | 0.01000 | 0.01250 | 0.01500 | 0.01750 |
| 260 | 0.00780 | 0.01040 | 0.01300 | 0.01560 | 0.01820 |
| 270 | 0.00810 | 0.01080 | 0.01350 | 0.01620 | 0.01890 |
| 280 | 0.00840 | 0.01120 | 0.01400 | 0.01680 | 0.01960 |
| 290 | 0.00870 | 0.01160 | 0.01450 | 0.01740 | 0.02030 |
| 300 | 0.00900 | 0.01200 | 0.01500 | 0.01800 | 0.02100 |

材长:1.1m　　　　　　　　**锯材材积表**　　　　　　　　单位:m³

| 材宽 ＼ 材厚 | 12 | 15 | 18 | 21 | 25 |
|---|---|---|---|---|---|
| 50 | 0.00066 | 0.00083 | 0.00099 | 0.00116 | 0.00138 |
| 60 | 0.00079 | 0.00099 | 0.00119 | 0.00139 | 0.00165 |
| 70 | 0.00092 | 0.00116 | 0.00139 | 0.00162 | 0.00193 |
| 80 | 0.00106 | 0.00132 | 0.00158 | 0.00185 | 0.00220 |
| 90 | 0.00119 | 0.00149 | 0.00178 | 0.00208 | 0.00248 |
| 100 | 0.00132 | 0.00165 | 0.00198 | 0.00231 | 0.00275 |
| 110 | 0.00145 | 0.00182 | 0.00218 | 0.00254 | 0.00303 |
| 120 | 0.00158 | 0.00198 | 0.00238 | 0.00277 | 0.00330 |
| 130 | 0.00172 | 0.00215 | 0.00257 | 0.00300 | 0.00358 |
| 140 | 0.00185 | 0.00231 | 0.00277 | 0.00323 | 0.00385 |
| 150 | 0.00198 | 0.00248 | 0.00297 | 0.00347 | 0.00413 |

材长:1.1m　　　　　　　　　　**锯材材积表**　　　　　　　　　单位:m³

| 材厚<br>材宽 | 12 | 15 | 18 | 21 | 25 |
|---|---|---|---|---|---|
| 160 | 0.00211 | 0.00264 | 0.00317 | 0.00370 | 0.00440 |
| 170 | 0.00224 | 0.00281 | 0.00337 | 0.00393 | 0.00468 |
| 180 | 0.00238 | 0.00297 | 0.00356 | 0.00416 | 0.00495 |
| 190 | 0.00251 | 0.00314 | 0.00376 | 0.00439 | 0.00523 |
| 200 | 0.00264 | 0.00330 | 0.00396 | 0.00462 | 0.00550 |
| 210 | 0.00277 | 0.00347 | 0.00416 | 0.00485 | 0.00578 |
| 220 | 0.00290 | 0.00363 | 0.00436 | 0.00508 | 0.00605 |
| 230 | 0.00304 | 0.00380 | 0.00455 | 0.00531 | 0.00633 |
| 240 | 0.00317 | 0.00396 | 0.00475 | 0.00554 | 0.00660 |
| 250 | 0.00330 | 0.00413 | 0.00495 | 0.00578 | 0.00688 |
| 260 | 0.00343 | 0.00429 | 0.00515 | 0.00601 | 0.00715 |
| 270 | 0.00356 | 0.00446 | 0.00535 | 0.00624 | 0.00743 |
| 280 | 0.00370 | 0.00462 | 0.00554 | 0.00647 | 0.00770 |
| 290 | 0.00383 | 0.00479 | 0.00574 | 0.00670 | 0.00798 |
| 300 | 0.00396 | 0.00495 | 0.00594 | 0.00693 | 0.00825 |

材长：1.1m　　　　　　　　锯材材积表　　　　　　　单位：m³

| 材宽 \ 材厚 | 30 | 40 | 50 | 60 | 70 |
|---|---|---|---|---|---|
| 50 | 0.00165 | 0.00220 | 0.00275 | 0.00330 | 0.00385 |
| 60 | 0.00198 | 0.00264 | 0.00330 | 0.00396 | 0.00462 |
| 70 | 0.00231 | 0.00308 | 0.00385 | 0.00462 | 0.00539 |
| 80 | 0.00264 | 0.00352 | 0.00440 | 0.00528 | 0.00616 |
| 9o | 0.00297 | 0.00396 | 0.00495 | 0.00594 | 0.00693 |
| 100 | 0.00330 | 0.00440 | 0.00550 | 0.00660 | 0.00770 |
| 110 | 0.00363 | 0.00484 | 0.00605 | 0.00726 | 0.00847 |
| 120 | 0.00396 | 0.00528 | 0.00660 | 0.00792 | 0.00924 |
| 130 | 0.00429 | 0.00572 | 0.00715 | 0.00858 | 0.01001 |
| 140 | 0.00462 | 0.00616 | 0.00770 | 0.00924 | 0.01078 |
| 150 | 0.00495 | 0.00660 | 0.00825 | 0.00990 | 0.01155 |

| 材长:1.1m | | 锯材材积表 | | | 单位:m³ |
|---|---|---|---|---|---|

| 材宽＼材厚 | 30 | 40 | 50 | 60 | 70 |
|---|---|---|---|---|---|
| 160 | 0.00528 | 0.00704 | 0.00880 | 0.01056 | 0.01232 |
| 170 | 0.00561 | 0.00748 | 0.00935 | 0.01122 | 0.01309 |
| 180 | 0.00594 | 0.00792 | 0.00990 | 0.01188 | 0.01386 |
| 190 | 0.00627 | 0.00836 | 0.01045 | 0.01254 | 0.01463 |
| 200 | 0.00660 | 0.00880 | 0.01100 | 0.01320 | 0.01540 |
| 210 | 0.00693 | 0.00924 | 0.01155 | 0.01386 | 0.01617 |
| 220 | 0.00726 | 0.00968 | 0.01210 | 0.01452 | 0.01694 |
| 230 | 0.00759 | 0.01012 | 0.01265 | 0.01518 | 0.01771 |
| 240 | 0.00792 | 0.01056 | 0.01320 | 0.01584 | 0.01848 |
| 250 | 0.00825 | 0.01100 | 0.01375 | 0.01650 | 0.01925 |
| 260 | 0.00858 | 0.01144 | 0.01430 | 0.01716 | 0.02002 |
| 270 | 0.00891 | 0.01188 | 0.01485 | 0.01782 | 0.02079 |
| 280 | 0.00924 | 0.01232 | 0.01540 | 0.01848 | 0.02156 |
| 290 | 0.00957 | 0.01276 | 0.01595 | 0.01914 | 0.02233 |
| 300 | 0.00990 | 0.01320 | 0.01650 | 0.01980 | 0.02310 |

材长:1.2m　　　　　　　　锯材材积表　　　　　　　　单位:m³

| 材宽 ＼ 材厚 | 12 | 15 | 18 | 21 | 25 |
|---|---|---|---|---|---|
| 50 | 0.00072 | 0.00090 | 0.00108 | 0.00126 | 0.00150 |
| 60 | 0.00086 | 0.00108 | 0.00130 | 0.00151 | 0.00180 |
| 70 | 0.00101 | 0.00126 | 0.00151 | 0.00176 | 0.00210 |
| 80 | 0.00115 | 0.00144 | 0.00173 | 0.00202 | 0.00240 |
| 90 | 0.00130 | 0.00162 | 0.00194 | 0.00227 | 0.00270 |
| 100 | 0.00144 | 0.00180 | 0.00216 | 0.00252 | 0.00300 |
| 110 | 0.00158 | 0.00198 | 0.00238 | 0.00277 | 0.00330 |
| 120 | 0.00173 | 0.00216 | 0.00259 | 0.00302 | 0.00360 |
| 130 | 0.00187 | 0.00234 | 0.00281 | 0.00328 | 0.00390 |
| 140 | 0.00202 | 0.00252 | 0.00302 | 0.00353 | 0.00420 |
| 150 | 0.00216 | 0.00270 | 0.00324 | 0.00378 | 0.00450 |

材长:1.2m　　　　　　　　　锯材材积表　　　　　　　　单位:m³

| 材宽 ＼ 材厚 | 12 | 15 | 18 | 21 | 25 |
|---|---|---|---|---|---|
| 160 | 0.00230 | 0.00288 | 0.00346 | 0.00403 | 0.00480 |
| 170 | 0.00245 | 0.00306 | 0.00367 | 0.00428 | 0.00510 |
| 180 | 0.00259 | 0.00324 | 0.00389 | 0.00454 | 0.00540 |
| 190 | 0.00274 | 0.00342 | 0.00410 | 0.00479 | 0.00570 |
| 200 | 0.00288 | 0.00360 | 0.00432 | 0.00504 | 0.00600 |
| 210 | 0.00302 | 0.00378 | 0.00454 | 0.00529 | 0.00630 |
| 220 | 0.00317 | 0.00396 | 0.00475 | 0.00554 | 0.00660 |
| 230 | 0.00331 | 0.00414 | 0.00497 | 0.00580 | 0.00690 |
| 240 | 0.00346 | 0.00432 | 0.00518 | 0.00605 | 0.00720 |
| 250 | 0.00360 | 0.00450 | 0.00540 | 0.00630 | 0.00750 |
| 260 | 0.00374 | 0.00468 | 0.00562 | 0.00655 | 0.00780 |
| 270 | 0.00389 | 0.00486 | 0.00583 | 0.00680 | 0.00810 |
| 280 | 0.00403 | 0.00504 | 0.00605 | 0.00706 | 0.00840 |
| 290 | 0.00418 | 0.00522 | 0.00626 | 0.00731 | 0.00870 |
| 300 | 0.00432 | 0.00540 | 0.00648 | 0.00756 | 0.00900 |

材长:1.2m　　　　　　　　　**锯材材积表**　　　　　　　　单位:m³

| 材宽 ＼ 材厚 | 30 | 40 | 50 | 60 | 70 |
|---|---|---|---|---|---|
| 50 | 0.00180 | 0.00240 | 0.00300 | 0.00360 | 0.00420 |
| 60 | 0.00216 | 0.00288 | 0.00360 | 0.00432 | 0.00504 |
| 70 | 0.00252 | 0.00336 | 0.00420 | 0.00504 | 0.00588 |
| 80 | 0.00288 | 0.00384 | 0.00480 | 0.00576 | 0.00672 |
| 90 | 0.00324 | 0.00432 | 0.00540 | 0.00648 | 0.00756 |
| 100 | 0.00360 | 0.00480 | 0.00600 | 0.00720 | 0.00840 |
| 110 | 0.00396 | 0.00528 | 0.00660 | 0.00792 | 0.00924 |
| 120 | 0.00432 | 0.00570 | 0.00720 | 0.00864 | 0.01008 |
| 130 | 0.00468 | 0.00624 | 0.00780 | 0.00936 | 0.01092 |
| 140 | 0.00504 | 0.00672 | 0.00840 | 0.01008 | 0.01176 |
| 150 | 0.00540 | 0.00720 | 0.00900 | 0.01080 | 0.01260 |

材长:1.2m　　　　　　　　　　锯材材积表　　　　　　　　　　单位:m³

| 材宽 \ 材厚 | 30 | 40 | 50 | 60 | 70 |
|---|---|---|---|---|---|
| 160 | 0.00576 | 0.00768 | 0.00960 | 0.01152 | 0.01344 |
| 170 | 0.00612 | 0.00816 | 0.01020 | 0.01224 | 0.01428 |
| 180 | 0.00648 | 0.00864 | 0.01080 | 0.01296 | 0.01512 |
| 190 | 0.00684 | 0.00912 | 0.01140 | 0.01368 | 0.01596 |
| 200 | 0.00720 | 0.00960 | 0.01200 | 0.01440 | 0.01680 |
| 210 | 0.00756 | 0.01008 | 0.01260 | 0.01512 | 0.01764 |
| 220 | 0.00792 | 0.01056 | 0.01320 | 0.01584 | 0.01848 |
| 230 | 0.00828 | 0.01104 | 0.01380 | 0.01656 | 0.01932 |
| 240 | 0.00864 | 0.01152 | 0.01440 | 0.01728 | 0.02016 |
| 250 | 0.00900 | 0.01200 | 0.01500 | 0.01800 | 0.02100 |
| 260 | 0.00936 | 0.01248 | 0.01560 | 0.01872 | 0.02184 |
| 270 | 0.00972 | 0.01296 | 0.01620 | 0.01944 | 0.02268 |
| 280 | 0.01008 | 0.01344 | 0.01680 | 0.02016 | 0.02352 |
| 290 | 0.01044 | 0.01392 | 0.01740 | 0.02088 | 0.02436 |
| 300 | 0.01080 | 0.01440 | 0.01800 | 0.02160 | 0.02520 |

材长:1.3 m　　　　　　　　**锯材材积表**　　　　　　　单位:m³

| 材厚<br>材宽 | 12 | 15 | 18 | 21 | 25 |
|---|---|---|---|---|---|
| 50 | 0.00078 | 0.00098 | 0.00117 | 0.00137 | 0.00163 |
| 60 | 0.00094 | 0.00117 | 0.00140 | 0.00164 | 0.00195 |
| 70 | 0.00109 | 0.00137 | 0.00164 | 0.00191 | 0.00228 |
| 80 | 0.00125 | 0.00156 | 0.00187 | 0.00218 | 0.00260 |
| 90 | 0.00140 | 0.00176 | 0.00211 | 0.00246 | 0.00293 |
| 100 | 0.00156 | 0.00195 | 0.00234 | 0.00273 | 0.00325 |
| 110 | 0.00172 | 0.00215 | 0.00257 | 0.00300 | 0.00358 |
| 120 | 0.00187 | 0.00234 | 0.00281 | 0.00328 | 0.00390 |
| 130 | 0.00203 | 0.00254 | 0.00304 | 0.00355 | 0.00423 |
| 140 | 0.00218 | 0.00273 | 0.00328 | 0.00382 | 0.00455 |
| 150 | 0.00234 | 0.00293 | 0.00351 | 0.00410 | 0.00488 |

材长:1.3m　　　　　　　　　　**锯材材积表**　　　　　　　　　　单位:m³

| 材宽＼材厚 | 12 | 15 | 18 | 21 | 25 |
|---|---|---|---|---|---|
| 160 | 0.00250 | 0.00312 | 0.00374 | 0.00437 | 0.00520 |
| 170 | 0.00265 | 0.00332 | 0.00398 | 0.00464 | 0.00553 |
| 180 | 0.00281 | 0.00351 | 0.00421 | 0.00491 | 0.00585 |
| 190 | 0.00296 | 0.00371 | 0.00468 | 0.00519 | 0.00618 |
| 200 | 0.00312 | 0.00390 | 0.00468 | 0.00546 | 0.00650 |
| 210 | 0.00328 | 0.00410 | 0.00491 | 0.00573 | 0.00683 |
| 220 | 0.00343 | 0.00429 | 0.00515 | 0.00601 | 0.00715 |
| 230 | 0.00359 | 0.00449 | 0.00538 | 0.00628 | 0.00748 |
| 240 | 0.00374 | 0.00468 | 0.00562 | 0.00655 | 0.00780 |
| 250 | 0.00390 | 0.00488 | 0.00585 | 0.00683 | 0.00813 |
| 260 | 0.00406 | 0.00507 | 0.00608 | 0.00710 | 0.00845 |
| 270 | 0.00421 | 0.00527 | 0.00632 | 0.00737 | 0.00878 |
| 280 | 0.00437 | 0.00546 | 0.00655 | 0.00764 | 0.00910 |
| 290 | 0.00452 | 0.00566 | 0.00679 | 0.00792 | 0.00943 |
| 300 | 0.00468 | 0.00585 | 0.00702 | 0.00819 | 0.00975 |

材长:1.3m　　　　　　　　**锯材材积表**　　　　　　单位:m³

| 材宽 \ 材厚 | 30 | 40 | 50 | 60 | 70 |
|---|---|---|---|---|---|
| 50 | 0.00195 | 0.00260 | 0.00325 | 0.00390 | 0.00455 |
| 60 | 0.00234 | 0.00312 | 0.00390 | 0.00468 | 0.00546 |
| 70 | 0.00273 | 0.00364 | 0.00455 | 0.00546 | 0.00637 |
| 80 | 0.00312 | 0.00416 | 0.00520 | 0.00624 | 0.00728 |
| 90 | 0.00351 | 0.00468 | 0.00585 | 0.00702 | 0.00819 |
| 100 | 0.00390 | 0.00520 | 0.00650 | 0.00780 | 0.00910 |
| 110 | 0.00429 | 0.00572 | 0.00715 | 0.00858 | 0.01001 |
| 120 | 0.00468 | 0.00624 | 0.00780 | 0.00936 | 0.01092 |
| 130 | 0.00507 | 0.00676 | 0.00845 | 0.01014 | 0.01183 |
| 140 | 0.00546 | 0.00728 | 0.00910 | 0.01092 | 0.01274 |
| 150 | 0.00585 | 0.00780 | 0.00975 | 0.01170 | 0.01365 |

材长:1.3m　　　　　　　　锯材材积表　　　　　　　　单位:m³

| 材宽 \ 材厚 | 30 | 40 | 50 | 60 | 70 |
|---|---|---|---|---|---|
| 160 | 0.00624 | 0.00832 | 0.01040 | 0.01248 | 0.01456 |
| 170 | 0.00663 | 0.00884 | 0.01105 | 0.01326 | 0.01547 |
| 180 | 0.00702 | 0.00936 | 0.01170 | 0.01404 | 0.01638 |
| 190 | 0.00741 | 0.00988 | 0.01235 | 0.01482 | 0.01729 |
| 200 | 0.00780 | 0.01040 | 0.01300 | 0.01560 | 0.01820 |
| 210 | 0.00819 | 0.01092 | 0.01365 | 0.01638 | 0.01911 |
| 220 | 0.00858 | 0.01144 | 0.01430 | 0.01716 | 0.02002 |
| 230 | 0.00897 | 0.01196 | 0.01495 | 0.01794 | 0.02093 |
| 240 | 0.00936 | 0.01248 | 0.01560 | 0.01872 | 0.02184 |
| 250 | 0.00975 | 0.01300 | 0.01625 | 0.01950 | 0.02275 |
| 260 | 0.01014 | 0.01352 | 0.01690 | 0.02028 | 0.02366 |
| 270 | 0.01053 | 0.01404 | 0.01755 | 0.02106 | 0.02457 |
| 280 | 0.01092 | 0.01456 | 0.01820 | 0.02184 | 0.02548 |
| 290 | 0.01131 | 0.01508 | 0.01885 | 0.02262 | 0.02639 |
| 300 | 0.01170 | 0.01560 | 0.01950 | 0.02340 | 0.02730 |

锯材材积表

| 材宽 \ 材厚 | 12 | 15 | 18 | 21 | 25 |
|---|---|---|---|---|---|
| 50 | 0.000084 | 0.00105 | 0.00126 | 0.00147 | 0.00175 |
| 60 | 0.00101 | 0.00126 | 0.00151 | 0.00176 | 0.00210 |
| 70 | 0.00118 | 0.00147 | 0.00176 | 0.00206 | 0.00245 |
| 80 | 0.00134 | 0.00168 | 0.00202 | 0.00235 | 0.00280 |
| 90 | 0.00151 | 0.00189 | 0.00227 | 0.00265 | 0.00315 |
| 100 | 0.00168 | 0.00210 | 0.00252 | 0.00294 | 0.00350 |
| 110 | 0.00185 | 0.00231 | 0.00277 | 0.00323 | 0.00385 |
| 120 | 0.00202 | 0.00252 | 0.00302 | 0.00353 | 0.00420 |
| 130 | 0.00218 | 0.00273 | 0.00328 | 0.00382 | 0.00455 |
| 140 | 0.00235 | 0.00294 | 0.00353 | 0.00412 | 0.00490 |
| 150 | 0.00252 | 0.00315 | 0.00378 | 0.00441 | 0.00525 |

材长:1.4 m　　　　　　　锯材材积表　　　　　　　单位:m³

| 材宽＼材厚 | 12 | 15 | 18 | 21 | 25 |
|---|---|---|---|---|---|
| 160 | 0.00269 | 0.00336 | 0.00403 | 0.00470 | 0.00560 |
| 170 | 0.00286 | 0.00357 | 0.00428 | 0.00500 | 0.00595 |
| 180 | 0.00302 | 0.00378 | 0.00454 | 0.00529 | 0.00630 |
| 190 | 0.00319 | 0.00399 | 0.00479 | 0.00559 | 0.00665 |
| 200 | 0.00336 | 0.00420 | 0.00504 | 0.00588 | 0.00700 |
| 210 | 0.00353 | 0.00441 | 0.00529 | 0.00617 | 0.00735 |
| 220 | 0.00370 | 0.00462 | 0.00554 | 0.00647 | 0.00770 |
| 230 | 0.00386 | 0.00483 | 0.00580 | 0.00676 | 0.00805 |
| 240 | 0.00403 | 0.00504 | 0.00605 | 0.00706 | 0.00840 |
| 250 | 0.00420 | 0.00525 | 0.00630 | 0.00735 | 0.00875 |
| 260 | 0.00437 | 0.00546 | 0.00655 | 0.00764 | 0.00910 |
| 270 | 0.00454 | 0.00567 | 0.00680 | 0.00794 | 0.00945 |
| 280 | 0.00470 | 0.00588 | 0.00706 | 0.00823 | 0.00980 |
| 290 | 0.00487 | 0.00609 | 0.00731 | 0.00853 | 0.01015 |
| 300 | 0.00504 | 0.00630 | 0.00756 | 0.00882 | 0.01050 |

**锯材材积表**

| 材宽＼材厚 | 30 | 40 | 50 | 60 | 70 |
|---|---|---|---|---|---|
| 50 | 0.00210 | 0.00280 | 0.00350 | 0.00420 | 0.00490 |
| 60 | 0.00252 | 0.00336 | 0.00420 | 0.00504 | 0.00588 |
| 70 | 0.00294 | 0.00392 | 0.00490 | 0.00588 | 0.00686 |
| 80 | 0.00336 | 0.00448 | 0.00560 | 0.00672 | 0.00784 |
| 90 | 0.00378 | 0.00504 | 0.00630 | 0.00756 | 0.00882 |
| 100 | 0.00420 | 0.00560 | 0.00700 | 0.00840 | 0.00980 |
| 110 | 0.00462 | 0.00616 | 0.00770 | 0.00924 | 0.01078 |
| 120 | 0.00504 | 0.00672 | 0.00840 | 0.01008 | 0.01176 |
| 130 | 0.00546 | 0.00728 | 0.00910 | 0.01092 | 0.01274 |
| 140 | 0.00588 | 0.00784 | 0.00980 | 0.01176 | 0.01372 |
| 150 | 0.00630 | 0.00840 | 0.01050 | 0.01260 | 0.01470 |

材长:1.4m　　　　　　　　　锯材材积表　　　　　　　　　单位:m³

| 材厚<br>材宽 | 30 | 40 | 50 | 60 | 70 |
|---|---|---|---|---|---|
| 160 | 0.00672 | 0.00896 | 0.01120 | 0.01344 | 0.01568 |
| 170 | 0.00714 | 0.00952 | 0.01190 | 0.01428 | 0.01666 |
| 180 | 0.00756 | 0.01008 | 0.01260 | 0.01512 | 0.01764 |
| 190 | 0.00798 | 0.01064 | 0.01330 | 0.01596 | 0.01862 |
| 200 | 0.00840 | 0.01120 | 0.01400 | 0.01680 | 0.01960 |
| 210 | 0.00882 | 0.01176 | 0.01470 | 0.01764 | 0.02058 |
| 220 | 0.00924 | 0.01232 | 0.01540 | 0.01848 | 0.02156 |
| 230 | 0.00966 | 0.01288 | 0.01610 | 0.01932 | 0.02254 |
| 240 | 0.01008 | 0.01344 | 0.01680 | 0.02016 | 0.02352 |
| 250 | 0.01050 | 0.01400 | 0.01750 | 0.02100 | 0.02450 |
| 260 | 0.01092 | 0.01456 | 0.01820 | 0.02184 | 0.02548 |
| 270 | 0.01134 | 0.01512 | 0.01890 | 0.02268 | 0.02646 |
| 280 | 0.01176 | 0.01568 | 0.01960 | 0.02352 | 0.02744 |
| 290 | 0.01218 | 0.01624 | 0.02030 | 0.02436 | 0.02842 |
| 300 | 0.01260 | 0.01680 | 0.02100 | 0.02520 | 0.02940 |

材长:1.5m　　　　　　　　　**锯材材积表**　　　　　　　単位:m³

| 材厚<br>材宽 | 12 | 15 | 18 | 21 | 25 |
|---|---|---|---|---|---|
| 50 | 0.00090 | 0.00113 | 0.00135 | 0.00158 | 0.00188 |
| 60 | 0.00108 | 0.00135 | 0.00162 | 0.00189 | 0.00225 |
| 70 | 0.00126 | 0.00158 | 0.00189 | 0.00221 | 0.00263 |
| 80 | 0.00144 | 0.00180 | 0.00216 | 0.00252 | 0.00300 |
| 90 | 0.00162 | 0.00203 | 0.00243 | 0.00284 | 0.00338 |
| 100 | 0.00180 | 0.00225 | 0.00270 | 0.00315 | 0.00375 |
| 110 | 0.00198 | 0.00248 | 0.00297 | 0.00347 | 0.00413 |
| 120 | 0.00216 | 0.00270 | 0.00324 | 0.00378 | 0.00450 |
| 130 | 0.00234 | 0.00293 | 0.00351 | 0.00410 | 0.00488 |
| 140 | 0.00252 | 0.00315 | 0.00378 | 0.00441 | 0.00525 |
| 150 | 0.00270 | 0.00338 | 0.00405 | 0.00473 | 0.00563 |

材长:1.5m　　　　　　　　　　**锯材材积表**　　　　　　　　　　单位:m³

| 材厚<br>材宽 | 12 | 15 | 18 | 21 | 25 |
|---|---|---|---|---|---|
| 160 | 0.00288 | 0.00360 | 0.00432 | 0.00504 | 0.00600 |
| 170 | 0.00306 | 0.00383 | 0.00459 | 0.00536 | 0.00638 |
| 180 | 0.00324 | 0.00405 | 0.00486 | 0.00567 | 0.00675 |
| 190 | 0.00342 | 0.00428 | 0.00513 | 0.00599 | 0.00713 |
| 200 | 0.00360 | 0.00450 | 0.00540 | 0.00630 | 0.00750 |
| 210 | 0.00378 | 0.00473 | 0.00567 | 0.00662 | 0.00788 |
| 220 | 0.00396 | 0.00495 | 0.00594 | 0.00693 | 0.00825 |
| 230 | 0.00414 | 0.00518 | 0.00621 | 0.00725 | 0.00863 |
| 240 | 0.00432 | 0.00540 | 0.00648 | 0.00756 | 0.00900 |
| 250 | 0.00450 | 0.00563 | 0.00675 | 0.00788 | 0.00938 |
| 260 | 0.00468 | 0.00585 | 0.00702 | 0.00819 | 0.00975 |
| 270 | 0.00486 | 0.00608 | 0.00729 | 0.00851 | 0.01013 |
| 280 | 0.00504 | 0.00630 | 0.00756 | 0.00882 | 0.01050 |
| 290 | 0.00522 | 0.00653 | 0.00783 | 0.00914 | 0.01088 |
| 300 | 0.00540 | 0.00675 | 0.00810 | 0.00945 | 0.01125 |

| 材长:1.5m | 锯材材积表 | | | 单位:m³ | |
|---|---|---|---|---|---|
| 材厚<br>材宽 | 30 | 40 | 50 | 60 | 70 |
| 50 | 0.00225 | 0.00300 | 0.00375 | 0.00450 | 0.00525 |
| 60 | 0.00270 | 0.00360 | 0.00450 | 0.00540 | 0.00630 |
| 70 | 0.00315 | 0.00420 | 0.00525 | 0.00630 | 0.00735 |
| 80 | 0.00360 | 0.00480 | 0.00600 | 0.00720 | 0.00840 |
| 90 | 0.00405 | 0.00540 | 0.00675 | 0.00810 | 0.00945 |
| 100 | 0.00450 | 0.00600 | 0.00750 | 0.00900 | 0.01050 |
| 110 | 0.00495 | 0.00660 | 0.00825 | 0.00990 | 0.01155 |
| 120 | 0.00540 | 0.00720 | 0.00900 | 0.01080 | 0.01260 |
| 130 | 0.00585 | 0.00780 | 0.00975 | 0.01170 | 0.01365 |
| 140 | 0.00630 | 0.00840 | 0.01050 | 0.01260 | 0.01470 |
| 150 | 0.00675 | 0.00900 | 0.01125 | 0.01350 | 0.01575 |

| 材长:1.5m | | 锯材材积表 | | | 单位:m³ |
|---|---|---|---|---|---|
| 材宽 \ 材厚 | 30 | 40 | 50 | 60 | 70 |
| 160 | 0.00720 | 0.00960 | 0.01200 | 0.01440 | 0.01680 |
| 170 | 0.00765 | 0.01020 | 0.01275 | 0.01530 | 0.01785 |
| 180 | 0.00810 | 0.01080 | 0.01350 | 0.01620 | 0.01890 |
| 190 | 0.00855 | 0.01140 | 0.01425 | 0.01710 | 0.01995 |
| 200 | 0.00900 | 0.01200 | 0.01500 | 0.01800 | 0.02100 |
| 210 | 0.00945 | 0.01260 | 0.01575 | 0.01890 | 0.02205 |
| 220 | 0.00990 | 0.01320 | 0.01650 | 0.01980 | 0.02310 |
| 230 | 0.01035 | 0.01380 | 0.01725 | 0.02070 | 0.02415 |
| 240 | 0.01080 | 0.01440 | 0.01800 | 0.02160 | 0.02520 |
| 250 | 0.01125 | 0.01500 | 0.01875 | 0.02250 | 0.02625 |
| 260 | 0.01170 | 0.01560 | 0.01950 | 0.02340 | 0.02730 |
| 270 | 0.01215 | 0.01620 | 0.02025 | 0.02430 | 0.02835 |
| 280 | 0.01260 | 0.01680 | 0.02100 | 0.02520 | 0.02940 |
| 290 | 0.01305 | 0.01740 | 0.02175 | 0.02610 | 0.03045 |
| 300 | 0.01350 | 0.01800 | 0.02250 | 0.02700 | 0.03150 |

| 材长:1.6m | | 锯材材积表 | | | 单位:m³ |
|---|---|---|---|---|---|
| 材厚<br>材宽 | 12 | 15 | 18 | 21 | 25 |
| 50 | 0.00096 | 0.00120 | 0.00144 | 0.00168 | 0.00200 |
| 60 | 0.00115 | 0.00144 | 0.00173 | 0.00202 | 0.00240 |
| 70 | 0.00134 | 0.00168 | 0.00202 | 0.00235 | 0.00280 |
| 80 | 0.00154 | 0.00192 | 0.00230 | 0.00269 | 0.00320 |
| 90 | 0.00173 | 0.00216 | 0.00259 | 0.00302 | 0.00360 |
| 100 | 0.00192 | 0.00240 | 0.00288 | 0.00336 | 0.00400 |
| 110 | 0.00211 | 0.00264 | 0.00317 | 0.00370 | 0.00440 |
| 120 | 0.00230 | 0.00288 | 0.00346 | 0.00403 | 0.00480 |
| 130 | 0.00250 | 0.00312 | 0.00374 | 0.00437 | 0.00520 |
| 140 | 0.00269 | 0.00336 | 0.00403 | 0.00470 | 0.00560 |
| 150 | 0.00288 | 0.00360 | 0.00432 | 0.00504 | 0.00600 |

| 材宽 材厚 | 12 | 15 | 18 | 21 | 25 |
|---|---|---|---|---|---|
| 160 | 0.00307 | 0.00384 | 0.00461 | 0.00538 | 0.00640 |
| 170 | 0.00326 | 0.00408 | 0.00490 | 0.00571 | 0.00680 |
| 180 | 0.00346 | 0.00432 | 0.00518 | 0.00605 | 0.00720 |
| 190 | 0.00365 | 0.00456 | 0.00547 | 0.00638 | 0.00760 |
| 200 | 0.00384 | 0.00480 | 0.00576 | 0.00672 | 0.00800 |
| 210 | 0.00403 | 0.00504 | 0.00605 | 0.00706 | 0.00840 |
| 220 | 0.00422 | 0.00528 | 0.00634 | 0.00739 | 0.00880 |
| 230 | 0.00442 | 0.00552 | 0.00662 | 0.00773 | 0.00920 |
| 240 | 0.00461 | 0.00576 | 0.00691 | 0.00806 | 0.00960 |
| 250 | 0.00480 | 0.00600 | 0.00720 | 0.00840 | 0.01000 |
| 260 | 0.00499 | 0.00624 | 0.00749 | 0.00874 | 0.01040 |
| 270 | 0.00518 | 0.00648 | 0.00778 | 0.00907 | 0.01080 |
| 280 | 0.00538 | 0.00672 | 0.00806 | 0.00941 | 0.01120 |
| 290 | 0.00557 | 0.00696 | 0.00835 | 0.00974 | 0.01160 |
| 300 | 0.00576 | 0.00720 | 0.00864 | 0.01008 | 0.01200 |

| 材长:1.6 m | | 锯材材积表 | | | 单位:m³ |
| --- | --- | --- | --- | --- | --- |
| 材厚<br>材宽 | 30 | 40 | 50 | 60 | 70 |
| 50 | 0.00240 | 0.00320 | 0.00400 | 0.00480 | 0.00560 |
| 60 | 0.00288 | 0.00384 | 0.00480 | 0.00576 | 0.00672 |
| 70 | 0.00336 | 0.00448 | 0.00560 | 0.00672 | 0.00784 |
| 80 | 0.00384 | 0.00512 | 0.00640 | 0.00768 | 0.00896 |
| 90 | 0.00432 | 0.00576 | 0.00720 | 0.00864 | 0.01008 |
| 100 | 0.00480 | 0.00640 | 0.00800 | 0.00960 | 0.01120 |
| 110 | 0.00528 | 0.00704 | 0.00880 | 0.01056 | 0.01232 |
| 120 | 0.00576 | 0.00768 | 0.00960 | 0.01152 | 0.01344 |
| 130 | 0.00624 | 0.00832 | 0.01040 | 0.01248 | 0.01456 |
| 140 | 0.00672 | 0.00896 | 0.01120 | 0.01344 | 0.01568 |
| 150 | 0.00720 | 0.00960 | 0.01200 | 0.01440 | 0.01680 |

材长：1.6m　　　　　　　　　锯材材积表　　　　　　　　　单位：m³

| 材宽＼材厚 | 30 | 40 | 50 | 60 | 70 |
|---|---|---|---|---|---|
| 160 | 0.00768 | 0.01024 | 0.01280 | 0.01536 | 0.01792 |
| 170 | 0.00816 | 0.01088 | 0.01360 | 0.01632 | 0.01904 |
| 180 | 0.00864 | 0.01152 | 0.01440 | 0.01728 | 0.02016 |
| 190 | 0.00912 | 0.01216 | 0.01520 | 0.01824 | 0.02128 |
| 200 | 0.00960 | 0.01280 | 0.01600 | 0.01920 | 0.02240 |
| 210 | 0.01008 | 0.01344 | 0.01680 | 0.02016 | 0.02352 |
| 220 | 0.01056 | 0.01408 | 0.01760 | 0.02112 | 0.02464 |
| 230 | 0.01104 | 0.01472 | 0.01840 | 0.02208 | 0.02576 |
| 240 | 0.01152 | 0.01536 | 0.01920 | 0.02304 | 0.02688 |
| 250 | 0.01200 | 0.01600 | 0.02000 | 0.02400 | 0.02800 |
| 260 | 0.01248 | 0.01664 | 0.02080 | 0.02496 | 0.02912 |
| 270 | 0.01296 | 0.01728 | 0.02160 | 0.02592 | 0.03024 |
| 280 | 0.01344 | 0.01792 | 0.02240 | 0.02688 | 0.03136 |
| 290 | 0.01392 | 0.01856 | 0.02320 | 0.02784 | 0.03248 |
| 300 | 0.01440 | 0.01920 | 0.02400 | 0.02880 | 0.03360 |

锯材材积表

| 材宽 \ 材厚 | 12 | 15 | 18 | 21 | 25 |
|---|---|---|---|---|---|
| 50 | 0.00102 | 0.00128 | 0.00153 | 0.00179 | 0.00213 |
| 60 | 0.00122 | 0.00153 | 0.00184 | 0.00214 | 0.00255 |
| 70 | 0.00143 | 0.00179 | 0.00214 | 0.00250 | 0.00298 |
| 80 | 0.00163 | 0.00204 | 0.00245 | 0.00286 | 0.00340 |
| 90 | 0.00184 | 0.00230 | 0.00275 | 0.00321 | 0.00383 |
| 100 | 0.00204 | 0.00255 | 0.00306 | 0.00357 | 0.00425 |
| 110 | 0.00224 | 0.00281 | 0.00337 | 0.00393 | 0.00468 |
| 120 | 0.00245 | 0.00306 | 0.00367 | 0.00428 | 0.00510 |
| 130 | 0.00265 | 0.00332 | 0.00398 | 0.00464 | 0.00553 |
| 140 | 0.00286 | 0.00357 | 0.00428 | 0.00500 | 0.00595 |
| 150 | 0.00306 | 0.00383 | 0.00459 | 0.00536 | 0.00638 |

**锯材材积表**

| 材宽＼材厚 | 12 | 15 | 18 | 21 | 25 |
|---|---|---|---|---|---|
| 160 | 0.00326 | 0.00408 | 0.00490 | 0.00571 | 0.00680 |
| 170 | 0.00347 | 0.00434 | 0.00520 | 0.00607 | 0.00723 |
| 180 | 0.00367 | 0.00459 | 0.00551 | 0.00643 | 0.00765 |
| 190 | 0.00388 | 0.00485 | 0.00581 | 0.00678 | 0.00808 |
| 200 | 0.00408 | 0.00510 | 0.00612 | 0.00714 | 0.00850 |
| 210 | 0.00428 | 0.00536 | 0.00643 | 0.00750 | 0.00893 |
| 220 | 0.00449 | 0.00561 | 0.00673 | 0.00785 | 0.00935 |
| 230 | 0.00469 | 0.00587 | 0.00704 | 0.00821 | 0.00978 |
| 240 | 0.00490 | 0.00612 | 0.00734 | 0.00857 | 0.01020 |
| 250 | 0.00510 | 0.00638 | 0.00765 | 0.00893 | 0.01063 |
| 260 | 0.00530 | 0.00663 | 0.00796 | 0.00928 | 0.01105 |
| 270 | 0.00551 | 0.00689 | 0.00826 | 0.00964 | 0.01148 |
| 280 | 0.00571 | 0.00714 | 0.00857 | 0.01000 | 0.01190 |
| 290 | 0.00592 | 0.00740 | 0.00887 | 0.01035 | 0.01233 |
| 300 | 0.00612 | 0.00765 | 0.00918 | 0.01071 | 0.01275 |

| 材长:1.7 m | | 锯材材积表 | | 单位:m³ | |
|---|---|---|---|---|---|
| 材厚<br>材宽 | 30 | 40 | 50 | 60 | 70 |
| 50 | 0.00255 | 0.00340 | 0.00425 | 0.00510 | 0.00595 |
| 60 | 0.00306 | 0.00408 | 0.00510 | 0.00612 | 0.00714 |
| 70 | 0.00357 | 0.00476 | 0.00595 | 0.00714 | 0.00833 |
| 80 | 0.00408 | 0.00544 | 0.00680 | 0.00816 | 0.00952 |
| 90 | 0.00459 | 0.00612 | 0.00765 | 0.00918 | 0.01071 |
| 100 | 0.00510 | 0.00680 | 0.00850 | 0.01020 | 0.01190 |
| 110 | 0.00561 | 0.00748 | 0.00935 | 0.01122 | 0.01309 |
| 120 | 0.00612 | 0.00816 | 0.01020 | 0.01224 | 0.01428 |
| 130 | 0.00663 | 0.00884 | 0.01105 | 0.01326 | 0.01547 |
| 140 | 0.00714 | 0.00952 | 0.01190 | 0.01428 | 0.01666 |
| 150 | 0.00765 | 0.01020 | 0.01275 | 0.01530 | 0.01785 |

材长:1.7m　　　　　　　　　**锯材材积表**　　　　　　　　单位:m³

| 材宽　　材厚 | 30 | 40 | 50 | 60 | 70 |
|---|---|---|---|---|---|
| 160 | 0.00816 | 0.01088 | 0.01360 | 0.01632 | 0.01904 |
| 170 | 0.00867 | 0.01156 | 0.01445 | 0.01734 | 0.02023 |
| 180 | 0.00918 | 0.01224 | 0.01530 | 0.01836 | 0.02142 |
| 190 | 0.00969 | 0.01292 | 0.01615 | 0.01938 | 0.02261 |
| 200 | 0.01020 | 0.01360 | 0.01700 | 0.02040 | 0.02380 |
| 210 | 0.01071 | 0.01428 | 0.01785 | 0.02142 | 0.02499 |
| 220 | 0.01122 | 0.01496 | 0.01870 | 0.02244 | 0.02618 |
| 230 | 0.01173 | 0.01564 | 0.01955 | 0.02346 | 0.02373 |
| 240 | 0.01224 | 0.01632 | 0.02040 | 0.02448 | 0.02856 |
| 250 | 0.01275 | 0.01700 | 0.02125 | 0.02550 | 0.02975 |
| 260 | 0.01326 | 0.01768 | 0.02210 | 0.02652 | 0.03094 |
| 270 | 0.01377 | 0.01836 | 0.02295 | 0.02754 | 0.03213 |
| 280 | 0.01428 | 0.01904 | 0.02380 | 0.02856 | 0.03332 |
| 290 | 0.01479 | 0.01972 | 0.02465 | 0.02958 | 0.03451 |
| 300 | 0.01530 | 0.02040 | 0.02550 | 0.03060 | 0.03570 |

**锯材材积表**

| 材厚<br>材宽 | 12 | 15 | 18 | 21 | 25 |
|---|---|---|---|---|---|
| 50 | 0.00108 | 0.00135 | 0.00162 | 0.00189 | 0.00225 |
| 60 | 0.00130 | 0.00162 | 0.00194 | 0.00227 | 0.00270 |
| 70 | 0.00151 | 0.00189 | 0.00227 | 0.00265 | 0.00315 |
| 80 | 0.00173 | 0.00216 | 0.00259 | 0.00302 | 0.00360 |
| 90 | 0.00194 | 0.00243 | 0.00292 | 0.00340 | 0.00405 |
| 100 | 0.00216 | 0.00270 | 0.00324 | 0.00378 | 0.00450 |
| 110 | 0.00238 | 0.00297 | 0.00356 | 0.00416 | 0.00495 |
| 120 | 0.00259 | 0.00324 | 0.00389 | 0.00454 | 0.00540 |
| 130 | 0.00281 | 0.00351 | 0.00421 | 0.00491 | 0.00585 |
| 140 | 0.00302 | 0.00378 | 0.00454 | 0.00529 | 0.00630 |
| 150 | 0.00324 | 0.00405 | 0.00486 | 0.00567 | 0.00675 |

材长:1.8m　　　　　　　　锯材材积表　　　　　　　单位:m³

| 材宽\材厚 | 12 | 15 | 18 | 21 | 25 |
|---|---|---|---|---|---|
| 160 | 0.00346 | 0.00432 | 0.00518 | 0.00605 | 0.00720 |
| 170 | 0.00367 | 0.00459 | 0.00551 | 0.00643 | 0.00765 |
| 180 | 0.00389 | 0.00486 | 0.00583 | 0.00680 | 0.00810 |
| 190 | 0.00410 | 0.00513 | 0.00616 | 0.00718 | 0.00855 |
| 200 | 0.00432 | 0.00540 | 0.00648 | 0.00756 | 0.00900 |
| 210 | 0.00454 | 0.00567 | 0.00680 | 0.00794 | 0.00945 |
| 220 | 0.00475 | 0.00594 | 0.00713 | 0.00832 | 0.00990 |
| 230 | 0.00497 | 0.00621 | 0.00745 | 0.00869 | 0.01035 |
| 240 | 0.00518 | 0.00648 | 0.00778 | 0.00907 | 0.01080 |
| 250 | 0.00540 | 0.00675 | 0.00810 | 0.00945 | 0.01125 |
| 260 | 0.00562 | 0.00702 | 0.00842 | 0.00983 | 0.01170 |
| 270 | 0.00583 | 0.00729 | 0.00875 | 0.01021 | 0.01215 |
| 280 | 0.00605 | 0.00756 | 0.00907 | 0.01058 | 0.01260 |
| 290 | 0.00626 | 0.00783 | 0.00940 | 0.01096 | 0.01305 |
| 300 | 0.00648 | 0.00810 | 0.00972 | 0.01134 | 0.01350 |

| 材长：1.8 m | | 锯材材积表 | | | 单位：m³ |
|:---:|:---:|:---:|:---:|:---:|:---:|
| 材宽 \ 材厚 | 30 | 40 | 50 | 60 | 70 |
| 50 | 0.00270 | 0.00360 | 0.00450 | 0.00540 | 0.00630 |
| 60 | 0.00324 | 0.00432 | 0.00540 | 0.00648 | 0.00756 |
| 70 | 0.00378 | 0.00504 | 0.00630 | 0.00756 | 0.00882 |
| 80 | 0.00432 | 0.00576 | 0.00720 | 0.00864 | 0.01008 |
| 90 | 0.00486 | 0.00648 | 0.00810 | 0.00972 | 0.01134 |
| 100 | 0.00540 | 0.00720 | 0.00900 | 0.01080 | 0.01260 |
| 110 | 0.00594 | 0.00792 | 0.00990 | 0.01188 | 0.01386 |
| 120 | 0.00648 | 0.00864 | 0.01080 | 0.01296 | 0.01512 |
| 130 | 0.00702 | 0.00936 | 0.01170 | 0.01404 | 0.01638 |
| 140 | 0.00756 | 0.01008 | 0.01260 | 0.01512 | 0.01764 |
| 150 | 0.00810 | 0.01080 | 0.01350 | 0.01620 | 0.01890 |

| 材长:1.8m | | 锯材材积表 | | | 单位:m³ |
| --- | --- | --- | --- | --- | --- |
| 材厚<br>材宽 | 30 | 40 | 50 | 60 | 70 |
| 160 | 0.00864 | 0.01152 | 0.01440 | 0.01728 | 0.02016 |
| 170 | 0.00918 | 0.01224 | 0.01580 | 0.01836 | 0.02142 |
| 180 | 0.00972 | 0.01296 | 0.01620 | 0.01944 | 0.02268 |
| 190 | 0.01026 | 0.01368 | 0.01710 | 0.02052 | 0.02394 |
| 200 | 0.01080 | 0.01440 | 0.01800 | 0.02160 | 0.02520 |
| 210 | 0.01134 | 0.01512 | 0.01890 | 0.02268 | 0.02646 |
| 220 | 0.01188 | 0.01584 | 0.01980 | 0.02376 | 0.02772 |
| 230 | 0.01242 | 0.01656 | 0.02070 | 0.02484 | 0.02898 |
| 240 | 0.01296 | 0.01728 | 0.02160 | 0.02592 | 0.03024 |
| 250 | 0.01350 | 0.01800 | 0.02250 | 0.02700 | 0.03150 |
| 260 | 0.01404 | 0.01872 | 0.02340 | 0.02808 | 0.03276 |
| 270 | 0.01458 | 0.01944 | 0.02430 | 0.02916 | 0.03402 |
| 280 | 0.01512 | 0.02016 | 0.02520 | 0.03024 | 0.03528 |
| 290 | 0.01566 | 0.02088 | 0.02610 | 0.03132 | 0.03654 |
| 300 | 0.01620 | 0.02160 | 0.02700 | 0.03240 | 0.03780 |

材长:1.9m　　　　　　　　锯材材积表　　　　　　　　单位:m³

| 材厚 / 材宽 | 12 | 15 | 18 | 21 | 25 |
|---|---|---|---|---|---|
| 50 | 0.00114 | 0.00143 | 0.00171 | 0.00200 | 0.00238 |
| 60 | 0.00137 | 0.00171 | 0.00205 | 0.00239 | 0.00285 |
| 70 | 0.00160 | 0.00200 | 0.00239 | 0.00279 | 0.00333 |
| 80 | 0.00182 | 0.00228 | 0.00274 | 0.00319 | 0.00380 |
| 90 | 0.00205 | 0.00257 | 0.00308 | 0.00359 | 0.00428 |
| 100 | 0.00228 | 0.00285 | 0.00342 | 0.00399 | 0.00475 |
| 110 | 0.00251 | 0.00314 | 0.00376 | 0.00439 | 0.00523 |
| 120 | 0.00274 | 0.00342 | 0.00410 | 0.00479 | 0.00570 |
| 130 | 0.00296 | 0.00371 | 0.00445 | 0.00519 | 0.00618 |
| 140 | 0.00319 | 0.00399 | 0.00479 | 0.00559 | 0.00665 |
| 150 | 0.00342 | 0.00428 | 0.00513 | 0.00599 | 0.00713 |

| 材长:1.9m | | 锯材材积表 | | | 单位:m³ |
|---|---|---|---|---|---|
| 材厚<br>材宽 | 12 | 15 | 18 | 21 | 25 |
| 160 | 0.00365 | 0.00456 | 0.00547 | 0.00638 | 0.00760 |
| 170 | 0.00388 | 0.00485 | 0.00581 | 0.00678 | 0.00808 |
| 180 | 0.00410 | 0.00513 | 0.00616 | 0.00718 | 0.00855 |
| 190 | 0.00433 | 0.00542 | 0.00650 | 0.00758 | 0.00903 |
| 200 | 0.00456 | 0.00570 | 0.00684 | 0.00798 | 0.00950 |
| 210 | 0.00479 | 0.00599 | 0.00718 | 0.00838 | 0.00998 |
| 220 | 0.00502 | 0.00627 | 0.00752 | 0.00878 | 0.01045 |
| 230 | 0.00524 | 0.00656 | 0.00787 | 0.00918 | 0.01093 |
| 240 | 0.00547 | 0.00684 | 0.00821 | 0.00958 | 0.01140 |
| 250 | 0.00570 | 0.00713 | 0.00855 | 0.00998 | 0.01188 |
| 260 | 0.00593 | 0.00741 | 0.00889 | 0.01037 | 0.01235 |
| 270 | 0.00616 | 0.00770 | 0.00923 | 0.01077 | 0.01283 |
| 280 | 0.00638 | 0.00798 | 0.00958 | 0.01117 | 0.01330 |
| 290 | 0.00661 | 0.00827 | 0.00992 | 0.01157 | 0.01378 |
| 300 | 0.00684 | 0.00855 | 0.01026 | 0.01197 | 0.01425 |

材长:1.9m　　　　　　　　**锯材材积表**　　　　　　　单位:m³

| 材宽 ＼ 材厚 | 30 | 40 | 50 | 60 | 70 |
|---|---|---|---|---|---|
| 50 | 0.00285 | 0.00380 | 0.00475 | 0.00570 | 0.00665 |
| 60 | 0.00342 | 0.00456 | 0.00570 | 0.00684 | 0.00798 |
| 70 | 0.00399 | 0.00532 | 0.00665 | 0.00798 | 0.00931 |
| 80 | 0.00456 | 0.00608 | 0.00760 | 0.00912 | 0.01064 |
| 90 | 0.00513 | 0.00684 | 0.00855 | 0.01026 | 0.01197 |
| 100 | 0.00570 | 0.00760 | 0.00950 | 0.01140 | 0.01330 |
| 110 | 0.00627 | 0.00836 | 0.01045 | 0.01254 | 0.01463 |
| 120 | 0.00684 | 0.00912 | 0.01140 | 0.01368 | 0.01596 |
| 130 | 0.00741 | 0.00988 | 0.01235 | 0.01482 | 0.01729 |
| 140 | 0.00798 | 0.01064 | 0.01330 | 0.01596 | 0.01862 |
| 150 | 0.00855 | 0.01140 | 0.01425 | 0.01710 | 0.01995 |

材长:1.9 m 　　　　　　　锯材材积表　　　　　　　单位:m³

| 材宽 \ 材厚 | 30 | 40 | 50 | 60 | 70 |
|---|---|---|---|---|---|
| 160 | 0.00912 | 0.01216 | 0.01520 | 0.01824 | 0.02128 |
| 170 | 0.00969 | 0.01292 | 0.01615 | 0.01938 | 0.02261 |
| 180 | 0.01026 | 0.01368 | 0.01710 | 0.02052 | 0.02394 |
| 190 | 0.01083 | 0.01444 | 0.01805 | 0.02166 | 0.02527 |
| 200 | 0.01140 | 0.01520 | 0.01900 | 0.02280 | 0.02660 |
| 210 | 0.01197 | 0.01596 | 0.01995 | 0.02394 | 0.02793 |
| 220 | 0.01254 | 0.01672 | 0.02090 | 0.02508 | 0.02926 |
| 230 | 0.01311 | 0.01748 | 0.02185 | 0.02622 | 0.03059 |
| 240 | 0.01368 | 0.01824 | 0.02280 | 0.02736 | 0.03102 |
| 250 | 0.01425 | 0.01900 | 0.02375 | 0.02850 | 0.03325 |
| 260 | 0.01482 | 0.01976 | 0.02470 | 0.02964 | 0.03458 |
| 270 | 0.01539 | 0.02052 | 0.02565 | 0.03078 | 0.03591 |
| 280 | 0.01596 | 0.02128 | 0.02660 | 0.03192 | 0.03724 |
| 290 | 0.01653 | 0.02204 | 0.02755 | 0.03306 | 0.03857 |
| 300 | 0.01710 | 0.02280 | 0.02850 | 0.03420 | 0.03990 |

材长:2.0m　　　　　　　　**锯材材积表**　　　　　　　　单位:m³

| 材厚 材宽 | 12 | 15 | 18 | 21 | 25 |
|---|---|---|---|---|---|
| 50 | 0.0012 | 0.0015 | 0.0018 | 0.0021 | 0.0025 |
| 60 | 0.0014 | 0.0018 | 0.0022 | 0.0025 | 0.0030 |
| 70 | 0.0017 | 0.0021 | 0.0025 | 0.0029 | 0.0035 |
| 80 | 0.0019 | 0.0024 | 0.0029 | 0.0034 | 0.0040 |
| 90 | 0.0022 | 0.0027 | 0.0032 | 0.0038 | 0.0045 |
| 100 | 0.0024 | 0.0030 | 0.0036 | 0.0042 | 0.0050 |
| 110 | 0.0026 | 0.0033 | 0.0040 | 0.0046 | 0.0055 |
| 120 | 0.0029 | 0.0036 | 0.0043 | 0.0050 | 0.0060 |
| 130 | 0.0031 | 0.0039 | 0.0047 | 0.0055 | 0.0065 |
| 140 | 0.0034 | 0.0042 | 0.0050 | 0.0059 | 0.0070 |
| 150 | 0.0036 | 0.0045 | 0.0054 | 0.0063 | 0.0075 |

| 材宽 ＼ 材厚 | 12 | 15 | 18 | 21 | 25 |
|---|---|---|---|---|---|
| 160 | 0.0038 | 0.0048 | 0.0058 | 0.0067 | 0.0080 |
| 170 | 0.0041 | 0.0051 | 0.0061 | 0.0071 | 0.0085 |
| 180 | 0.0043 | 0.0054 | 0.0065 | 0.0076 | 0.0090 |
| 190 | 0.0046 | 0.0057 | 0.0068 | 0.0080 | 0.0095 |
| 200 | 0.0048 | 0.0060 | 0.0072 | 0.0084 | 0.0100 |
| 210 | 0.0050 | 0.0063 | 0.0076 | 0.0088 | 0.0105 |
| 220 | 0.0053 | 0.0066 | 0.0079 | 0.0092 | 0.0110 |
| 230 | 0.0055 | 0.0069 | 0.0083 | 0.0097 | 0.0115 |
| 240 | 0.0058 | 0.0072 | 0.0086 | 0.0101 | 0.0120 |
| 250 | 0.0060 | 0.0075 | 0.0090 | 0.0105 | 0.0125 |
| 260 | 0.0062 | 0.0078 | 0.0094 | 0.0109 | 0.0130 |
| 270 | 0.0065 | 0.0081 | 0.0097 | 0.0113 | 0.0135 |
| 280 | 0.0067 | 0.0084 | 0.0101 | 0.0118 | 0.0140 |
| 290 | 0.0070 | 0.0087 | 0.0104 | 0.0122 | 0.0145 |
| 300 | 0.0072 | 0.0090 | 0.0108 | 0.0126 | 0.0150 |

| 材宽 ＼ 材厚 | 30 | 40 | 50 | 60 | 70 |
|---|---|---|---|---|---|
| 50 | 0.0030 | 0.0040 | 0.0050 | 0.0060 | 0.0070 |
| 60 | 0.0036 | 0.0048 | 0.0060 | 0.0072 | 0.0084 |
| 70 | 0.0042 | 0.0056 | 0.0070 | 0.0084 | 0.0098 |
| 80 | 0.0048 | 0.0064 | 0.0080 | 0.0096 | 0.0112 |
| 90 | 0.0054 | 0.0072 | 0.0090 | 0.0108 | 0.0126 |
| 100 | 0.0060 | 0.0080 | 0.0100 | 0.0120 | 0.0140 |
| 110 | 0.0066 | 0.0088 | 0.0110 | 0.0132 | 0.0154 |
| 120 | 0.0072 | 0.0096 | 0.0120 | 0.0144 | 0.0168 |
| 130 | 0.0078 | 0.0104 | 0.0130 | 0.0156 | 0.0182 |
| 140 | 0.0084 | 0.0112 | 0.0140 | 0.0168 | 0.0196 |
| 150 | 0.0090 | 0.0120 | 0.0150 | 0.0180 | 0.0210 |

| 材长:2.0m | | 锯材材积表 | | | 单位:m³ |
|---|---|---|---|---|---|
| 材厚<br>材宽 | 30 | 40 | 50 | 60 | 70 |
| 160 | 0.0096 | 0.0128 | 0.0160 | 0.0192 | 0.0224 |
| 170 | 0.0102 | 0.0136 | 0.0170 | 0.0204 | 0.0238 |
| 180 | 0.0108 | 0.0144 | 0.0180 | 0.0216 | 0.0252 |
| 190 | 0.0114 | 0.0152 | 0.0190 | 0.0228 | 0.0266 |
| 200 | 0.0120 | 0.0160 | 0.0200 | 0.0240 | 0.0280 |
| 210 | 0.0126 | 0.0168 | 0.0210 | 0.0252 | 0.0294 |
| 220 | 0.0132 | 0.0176 | 0.0220 | 0.0264 | 0.0308 |
| 230 | 0.0138 | 0.0184 | 0.0230 | 0.0276 | 0.0322 |
| 240 | 0.0144 | 0.0192 | 0.0240 | 0.0288 | 0.0336 |
| 250 | 0.0150 | 0.0200 | 0.0250 | 0.0300 | 0.0350 |
| 260 | 0.0156 | 0.0208 | 0.0260 | 0.0312 | 0.0364 |
| 270 | 0.0162 | 0.0216 | 0.0270 | 0.0324 | 0.0378 |
| 280 | 0.0168 | 0.0224 | 0.0280 | 0.0336 | 0.0392 |
| 290 | 0.0174 | 0.0232 | 0.0290 | 0.0348 | 0.0406 |
| 300 | 0.0180 | 0.0240 | 0.0300 | 0.0360 | 0.0420 |

| 材长:2.2m | | 锯材材积表 | | | 单位:m³ |
|---|---|---|---|---|---|
| 材宽 材厚 | 12 | 15 | 18 | 21 | 25 |
| 50 | 0.0013 | 0.0017 | 0.0020 | 0.0023 | 0.0028 |
| 60 | 0.0016 | 0.0020 | 0.0024 | 0.0028 | 0.0033 |
| 70 | 0.0018 | 0.0023 | 0.0028 | 0.0032 | 0.0039 |
| 80 | 0.0021 | 0.0026 | 0.0032 | 0.0037 | 0.0044 |
| 90 | 0.0024 | 0.0030 | 0.0036 | 0.0042 | 0.0050 |
| 100 | 0.0026 | 0.0033 | 0.0040 | 0.0046 | 0.0055 |
| 110 | 0.0029 | 0.0036 | 0.0044 | 0.0051 | 0.0061 |
| 120 | 0.0032 | 0.0040 | 0.0048 | 0.0055 | 0.0066 |
| 130 | 0.0034 | 0.0043 | 0.0051 | 0.0060 | 0.0072 |
| 140 | 0.0037 | 0.0046 | 0.0055 | 0.0065 | 0.0077 |
| 150 | 0.0040 | 0.0050 | 0.0059 | 0.0069 | 0.0083 |

材长:2.2m  锯材材积表  单位:m³

| 材厚 / 材宽 | 12 | 15 | 18 | 21 | 25 |
|---|---|---|---|---|---|
| 160 | 0.0042 | 0.0053 | 0.0063 | 0.0074 | 0.0088 |
| 170 | 0.0045 | 0.0056 | 0.0067 | 0.0079 | 0.0094 |
| 180 | 0.0048 | 0.0059 | 0.0071 | 0.0083 | 0.0099 |
| 190 | 0.0050 | 0.0063 | 0.0075 | 0.0088 | 0.0105 |
| 200 | 0.0053 | 0.0066 | 0.0079 | 0.0092 | 0.0110 |
| 210 | 0.0055 | 0.0069 | 0.0083 | 0.0097 | 0.0116 |
| 220 | 0.0058 | 0.0073 | 0.0087 | 0.0102 | 0.0121 |
| 230 | 0.0061 | 0.0076 | 0.0091 | 0.0106 | 0.0127 |
| 240 | 0.0063 | 0.0079 | 0.0095 | 0.0111 | 0.0132 |
| 250 | 0.0066 | 0.0083 | 0.0099 | 0.0116 | 0.0138 |
| 260 | 0.0069 | 0.0086 | 0.0103 | 0.0120 | 0.0143 |
| 270 | 0.0071 | 0.0089 | 0.0107 | 0.0125 | 0.0149 |
| 280 | 0.0074 | 0.0092 | 0.0111 | 0.0129 | 0.0154 |
| 290 | 0.0077 | 0.0096 | 0.0115 | 0.0134 | 0.0160 |
| 300 | 0.0079 | 0.0099 | 0.0119 | 0.0139 | 0.0165 |

| 材宽 \ 材厚 | 30 | 40 | 50 | 60 | 70 |
|---|---|---|---|---|---|
| 材长:2.2m | | 锯材材积表 | | | 单位:m³ |
| 50 | 0.0033 | 0.0044 | 0.0055 | 0.0066 | 0.0077 |
| 60 | 0.0040 | 0.0053 | 0.0066 | 0.0079 | 0.0092 |
| 70 | 0.0046 | 0.0062 | 0.0077 | 0.0092 | 0.0108 |
| 80 | 0.0053 | 0.0070 | 0.0088 | 0.0106 | 0.0123 |
| 90 | 0.0059 | 0.0079 | 0.0099 | 0.0119 | 0.0139 |
| 100 | 0.0066 | 0.0088 | 0.0110 | 0.0132 | 0.0154 |
| 110 | 0.0073 | 0.0097 | 0.0121 | 0.0145 | 0.0169 |
| 120 | 0.0079 | 0.0106 | 0.0132 | 0.0158 | 0.0185 |
| 130 | 0.0086 | 0.0114 | 0.0143 | 0.0172 | 0.0200 |
| 140 | 0.0092 | 0.0123 | 0.0154 | 0.0185 | 0.0216 |
| 150 | 0.0099 | 0.0132 | 0.0165 | 0.0198 | 0.0231 |

材长:2.2m　　　　　　　　锯材材积表　　　　　　　　单位:m³

| 材厚／材宽 | 30 | 40 | 50 | 60 | 70 |
|---|---|---|---|---|---|
| 160 | 0.0106 | 0.0141 | 0.0176 | 0.0211 | 0.0246 |
| 170 | 0.0112 | 0.0150 | 0.0187 | 0.0224 | 0.0262 |
| 180 | 0.0119 | 0.0158 | 0.0198 | 0.0238 | 0.0277 |
| 190 | 0.0125 | 0.0167 | 0.0209 | 0.0251 | 0.0293 |
| 200 | 0.0132 | 0.0176 | 0.0220 | 0.0264 | 0.0308 |
| 210 | 0.0139 | 0.0185 | 0.0231 | 0.0277 | 0.0323 |
| 220 | 0.0145 | 0.0194 | 0.0242 | 0.0290 | 0.0339 |
| 230 | 0.0152 | 0.0202 | 0.0253 | 0.0304 | 0.0354 |
| 240 | 0.0158 | 0.0211 | 0.0264 | 0.0317 | 0.0370 |
| 250 | 0.0165 | 0.0220 | 0.0275 | 0.0330 | 0.0385 |
| 260 | 0.0172 | 0.0229 | 0.0286 | 0.0343 | 0.0400 |
| 270 | 0.0178 | 0.0238 | 0.0297 | 0.0356 | 0.0416 |
| 280 | 0.0185 | 0.0246 | 0.0308 | 0.0370 | 0.0431 |
| 290 | 0.0191 | 0.0255 | 0.0319 | 0.0383 | 0.0447 |
| 300 | 0.0198 | 0.0264 | 0.0330 | 0.0396 | 0.0462 |

材长:2.4 m    锯材材积表    单位:m³

| 材宽 \ 材厚 | 12 | 15 | 18 | 21 | 25 |
|---|---|---|---|---|---|
| 50 | 0.0014 | 0.0018 | 0.0022 | 0.0025 | 0.0030 |
| 60 | 0.0017 | 0.0022 | 0.0026 | 0.0030 | 0.0036 |
| 70 | 0.0020 | 0.0025 | 0.0030 | 0.0035 | 0.0042 |
| 80 | 0.0023 | 0.0029 | 0.0035 | 0.0040 | 0.0048 |
| 90 | 0.0026 | 0.0032 | 0.0039 | 0.0045 | 0.0054 |
| 100 | 0.0029 | 0.0036 | 0.0043 | 0.0050 | 0.0060 |
| 110 | 0.0032 | 0.0040 | 0.0048 | 0.0055 | 0.0066 |
| 120 | 0.0035 | 0.0043 | 0.0052 | 0.0060 | 0.0072 |
| 130 | 0.0037 | 0.0047 | 0.0056 | 0.0066 | 0.0078 |
| 140 | 0.0040 | 0.0050 | 0.0060 | 0.0071 | 0.0084 |
| 150 | 0.0043 | 0.0054 | 0.0065 | 0.0076 | 0.0090 |

材长:2.4 m　　　　　　　　　　锯材材积表　　　　　　　　　　单位:m³

| 材宽＼材厚 | 12 | 15 | 18 | 21 | 25 |
|---|---|---|---|---|---|
| 160 | 0.0046 | 0.0058 | 0.0069 | 0.0081 | 0.0096 |
| 170 | 0.0049 | 0.0061 | 0.0073 | 0.0086 | 0.0102 |
| 180 | 0.0052 | 0.0065 | 0.0078 | 0.0091 | 0.0108 |
| 190 | 0.0055 | 0.0068 | 0.0082 | 0.0096 | 0.0114 |
| 200 | 0.0058 | 0.0072 | 0.0086 | 0.0101 | 0.0120 |
| 210 | 0.0060 | 0.0076 | 0.0091 | 0.0106 | 0.0126 |
| 220 | 0.0063 | 0.0079 | 0.0095 | 0.0111 | 0.0132 |
| 230 | 0.0066 | 0.0083 | 0.0099 | 0.0116 | 0.0138 |
| 240 | 0.0069 | 0.0086 | 0.0104 | 0.0121 | 0.0144 |
| 250 | 0.0072 | 0.0090 | 0.0108 | 0.0126 | 0.0150 |
| 260 | 0.0075 | 0.0094 | 0.0112 | 0.0131 | 0.0156 |
| 270 | 0.0078 | 0.0097 | 0.0117 | 0.0136 | 0.0162 |
| 280 | 0.0081 | 0.0101 | 0.0121 | 0.0141 | 0.0168 |
| 290 | 0.0084 | 0.0104 | 0.0125 | 0.0146 | 0.0174 |
| 300 | 0.0086 | 0.0108 | 0.0130 | 0.0151 | 0.0180 |

| 材长:2.4m | | 锯材材积表 | | | 单位:m³ |
|---|---|---|---|---|---|
| 材厚<br>材宽 | 30 | 40 | 50 | 60 | 70 |
| 50 | 0.0036 | 0.0048 | 0.0060 | 0.0072 | 0.0084 |
| 60 | 0.0043 | 0.0058 | 0.0072 | 0.0086 | 0.0101 |
| 70 | 0.0050 | 0.0067 | 0.0084 | 0.0101 | 0.0118 |
| 80 | 0.0058 | 0.0077 | 0.0096 | 0.0115 | 0.0134 |
| 90 | 0.0065 | 0.0086 | 0.0108 | 0.0130 | 0.0151 |
| 100 | 0.0072 | 0.0096 | 0.0120 | 0.0144 | 0.0168 |
| 110 | 0.0079 | 0.0106 | 0.0132 | 0.0158 | 0.0185 |
| 120 | 0.0086 | 0.0115 | 0.0144 | 0.0173 | 0.0202 |
| 130 | 0.0094 | 0.0125 | 0.0156 | 0.0187 | 0.0218 |
| 140 | 0.0101 | 0.0134 | 0.0168 | 0.0202 | 0.0235 |
| 150 | 0.0108 | 0.0144 | 0.0180 | 0.0216 | 0.0252 |

| 材长:2.4 m | | 锯材材积表 | | | 单位:m³ |
|---|---|---|---|---|---|
| 材厚<br>材宽 | 30 | 40 | 50 | 60 | 70 |
| 160 | 0.0115 | 0.0154 | 0.0192 | 0.0230 | 0.0269 |
| 170 | 0.0122 | 0.0163 | 0.0204 | 0.0245 | 0.0286 |
| 180 | 0.0130 | 0.0173 | 0.0216 | 0.0259 | 0.0302 |
| 190 | 0.0137 | 0.0182 | 0.0228 | 0.0274 | 0.0319 |
| 200 | 0.0144 | 0.0192 | 0.0240 | 0.0288 | 0.0336 |
| 210 | 0.0151 | 0.0202 | 0.0252 | 0.0302 | 0.0353 |
| 220 | 0.0158 | 0.0211 | 0.0264 | 0.0317 | 0.0370 |
| 230 | 0.0166 | 0.0221 | 0.0276 | 0.0331 | 0.0386 |
| 240 | 0.0173 | 0.0230 | 0.0288 | 0.0346 | 0.0403 |
| 250 | 0.0180 | 0.0240 | 0.0300 | 0.0360 | 0.0420 |
| 260 | 0.0187 | 0.0250 | 0.0312 | 0.0374 | 0.0437 |
| 270 | 0.0194 | 0.0259 | 0.0324 | 0.0389 | 0.0454 |
| 280 | 0.0202 | 0.0269 | 0.0336 | 0.0403 | 0.0470 |
| 290 | 0.0209 | 0.0278 | 0.0348 | 0.0418 | 0.0487 |
| 300 | 0.0216 | 0.0288 | 0.0360 | 0.0432 | 0.0504 |

| 材宽＼材厚 | 12 | 15 | 18 | 21 | 25 |
|---|---|---|---|---|---|
| 50 | 0.0015 | 0.0019 | 0.0023 | 0.0026 | 0.0031 |
| 60 | 0.0018 | 0.0023 | 0.0027 | 0.0032 | 0.0038 |
| 70 | 0.0021 | 0.0026 | 0.0032 | 0.0037 | 0.0044 |
| 80 | 0.0024 | 0.0030 | 0.0036 | 0.0042 | 0.0050 |
| 90 | 0.0027 | 0.0034 | 0.0041 | 0.0047 | 0.0056 |
| 100 | 0.0030 | 0.0038 | 0.0045 | 0.0053 | 0.0063 |
| 110 | 0.0033 | 0.0041 | 0.0050 | 0.0058 | 0.0069 |
| 120 | 0.0036 | 0.0045 | 0.0054 | 0.0063 | 0.0075 |
| 130 | 0.0039 | 0.0049 | 0.0059 | 0.0068 | 0.0081 |
| 140 | 0.0042 | 0.0053 | 0.0063 | 0.0074 | 0.0088 |
| 150 | 0.0045 | 0.0056 | 0.0068 | 0.0079 | 0.0094 |

| 材宽＼材厚 | 12 | 15 | 18 | 21 | 25 |
|---|---|---|---|---|---|
| 160 | 0.0048 | 0.0060 | 0.0072 | 0.0084 | 0.0100 |
| 170 | 0.0051 | 0.0064 | 0.0077 | 0.0089 | 0.0106 |
| 180 | 0.0054 | 0.0068 | 0.0081 | 0.0095 | 0.0113 |
| 190 | 0.0057 | 0.0071 | 0.0086 | 0.0100 | 0.0119 |
| 200 | 0.0060 | 0.0075 | 0.0090 | 0.0105 | 0.0125 |
| 210 | 0.0063 | 0.0079 | 0.0095 | 0.0110 | 0.0131 |
| 220 | 0.0066 | 0.0083 | 0.0099 | 0.0116 | 0.0138 |
| 230 | 0.0069 | 0.0086 | 0.0104 | 0.0121 | 0.0144 |
| 240 | 0.0072 | 0.0090 | 0.0108 | 0.0126 | 0.0150 |
| 250 | 0.0075 | 0.0094 | 0.0113 | 0.0131 | 0.0156 |
| 260 | 0.0078 | 0.0098 | 0.0117 | 0.0137 | 0.0163 |
| 270 | 0.0081 | 0.0101 | 0.0122 | 0.0142 | 0.0169 |
| 280 | 0.0084 | 0.0105 | 0.0126 | 0.0147 | 0.0175 |
| 290 | 0.0087 | 0.0109 | 0.0131 | 0.0152 | 0.0181 |
| 300 | 0.0090 | 0.0113 | 0.0135 | 0.0158 | 0.0188 |

| 材长:2.5m | 锯材材积表 | | | | 单位:m³ |
|---|---|---|---|---|---|
| 材宽＼材厚 | 30 | 40 | 50 | 60 | 70 |
| 50 | 0.0038 | 0.0050 | 0.0063 | 0.0075 | 0.0088 |
| 60 | 0.0045 | 0.0060 | 0.0075 | 0.0090 | 0.0105 |
| 70 | 0.0053 | 0.0070 | 0.0088 | 0.0105 | 0.0123 |
| 80 | 0.0060 | 0.0080 | 0.0100 | 0.0120 | 0.0144 |
| 90 | 0.0068 | 0.0090 | 0.0113 | 0.0135 | 0.0158 |
| 100 | 0.0075 | 0.0100 | 0.0125 | 0.0150 | 0.0175 |
| 110 | 0.0083 | 0.0110 | 0.0138 | 0.0165 | 0.0193 |
| 120 | 0.0090 | 0.0120 | 0.0150 | 0.0180 | 0.0210 |
| 130 | 0.0098 | 0.0130 | 0.0163 | 0.0195 | 0.0228 |
| 140 | 0.0105 | 0.0140 | 0.0175 | 0.0210 | 0.0245 |
| 150 | 0.0113 | 0.0150 | 0.0188 | 0.0225 | 0.0263 |

| 材长:2.5m | | | 锯材材积表 | | 单位:m³ |
|---|---|---|---|---|---|
| 材厚<br>材宽 | 30 | 40. | 50 | 60 | 70 |
| 160 | 0.0120 | 0.0160 | 0.0200 | 0.0240 | 0.0280 |
| 170 | 0.0128 | 0.0170 | 0.0213 | 0.0255 | 0.0298 |
| 180 | 0.0135 | 0.0180 | 0.0225 | 0.0270 | 0.0315 |
| 190 | 0.0143 | 0.0190 | 0.0238 | 0.0285 | 0.0333 |
| 200 | 0.0150 | 0.0200 | 0.0250 | 0.0300 | 0.0350 |
| 210 | 0.0158 | 0.0210 | 0.0263 | 0.0315 | 0.0368 |
| 220 | 0.0165 | 0.0220 | 0.0275 | 0.0330 | 0.0385 |
| 230 | 0.0173 | 0.0230 | 0.0288 | 0.0345 | 0.0403 |
| 240 | 0.0180 | 0.0240 | 0.0300 | 0.0360 | 0.0420 |
| 250 | 0.0188 | 0.0250 | 0.0313 | 0.0375 | 0.0438 |
| 260 | 0.0195 | 0.0260 | 0.0325 | 0.0390 | 0.0455 |
| 270 | 0.0203 | 0.0270 | 0.0338 | 0.0405 | 0.0473 |
| 280 | 0.0210 | 0.0280 | 0.0350 | 0.0420 | 0.0490 |
| 290 | 0.0218 | 0.0290 | 0.0363 | 0.0435 | 0.0508 |
| 300 | 0.0225 | 0.0300 | 0.0375 | 0.0450 | 0.0525 |

材长:2.6 m　　　　　　　　　　锯材材积表　　　　　　　　单位:m³

| 材厚<br>材宽 | 12 | 15 | 18 | 21 | 25 |
|---|---|---|---|---|---|
| 50 | 0.0016 | 0.0020 | 0.0023 | 0.0027 | 0.0033 |
| 60 | 0.0019 | 0.0023 | 0.0028 | 0.0033 | 0.0039 |
| 70 | 0.0022 | 0.0027 | 0.0033 | 0.0038 | 0.0046 |
| 80 | 0.0025 | 0.0031 | 0.0037 | 0.0044 | 0.0052 |
| 90 | 0.0028 | 0.0035 | 0.0042 | 0.0049 | 0.0059 |
| 100 | 0.0031 | 0.0039 | 0.0047 | 0.0055 | 0.0065 |
| 110 | 0.0034 | 0.0043 | 0.0051 | 0.0060 | 0.0072 |
| 120 | 0.0037 | 0.0047 | 0.0056 | 0.0066 | 0.0078 |
| 130 | 0.0041 | 0.0051 | 0.0061 | 0.0071 | 0.0085 |
| 140 | 0.0044 | 0.0055 | 0.0066 | 0.0076 | 0.0091 |
| 150 | 0.0047 | 0.0059 | 0.0070 | 0.0082 | 0.0098 |

| 材长:2.6m | | 锯材材积表 | | | 单位:m³ |
|---|---|---|---|---|---|
| 材厚<br>材宽 | 12 | 15 | 18 | 21 | 25 |
| 160 | 0.0050 | 0.0062 | 0.0075 | 0.0087 | 0.0104 |
| 170 | 0.0053 | 0.0066 | 0.0080 | 0.0093 | 0.0111 |
| 180 | 0.0056 | 0.0070 | 0.0084 | 0.0098 | 0.0117 |
| 190 | 0.0059 | 0.0074 | 0.0089 | 0.0104 | 0.0124 |
| 200 | 0.0062 | 0.0078 | 0.0094 | 0.0109 | 0.0130 |
| 210 | 0.0066 | 0.0082 | 0.0098 | 0.0115 | 0.0137 |
| 220 | 0.0069 | 0.0086 | 0.0103 | 0.0120 | 0.0143 |
| 230 | 0.0072 | 0.0090 | 0.0108 | 0.0126 | 0.0150 |
| 240 | 0.0075 | 0.0094 | 0.0112 | 0.0131 | 0.0156 |
| 250 | 0.0078 | 0.0098 | 0.0117 | 0.0137 | 0.0163 |
| 260 | 0.0081 | 0.0101 | 0.0122 | 0.0142 | 0.0169 |
| 270 | 0.0084 | 0.0105 | 0.0126 | 0.0147 | 0.0176 |
| 280 | 0.0087 | 0.0109 | 0.0131 | 0.0153 | 0.0182 |
| 290 | 0.0090 | 0.0113 | 0.0136 | 0.0158 | 0.0189 |
| 300 | 0.0094 | 0.0117 | 0.0140 | 0.0164 | 0.0195 |

| 材长:2.6 m | | | 锯材材积表 | | 单位:m³ |
|---|---|---|---|---|---|
| 材厚 材宽 | 30 | 40 | 50 | 60 | 70 |
| 50 | 0.0039 | 0.0052 | 0.0065 | 0.0078 | 0.0091 |
| 60 | 0.0047 | 0.0062 | 0.0078 | 0.0094 | 0.0109 |
| 70 | 0.0055 | 0.0073 | 0.0091 | 0.0109 | 0.0127 |
| 80 | 0.0062 | 0.0083 | 0.0104 | 0.0125 | 0.0146 |
| 90 | 0.0070 | 0.0094 | 0.0117 | 0.0140 | 0.0164 |
| 100 | 0.0078 | 0.0104 | 0.0130 | 0.0156 | 0.0182 |
| 110 | 0.0086 | 0.0114 | 0.0143 | 0.0172 | 0.0200 |
| 120 | 0.0094 | 0.0125 | 0.0156 | 0.0187 | 0.0218 |
| 130 | 0.0101 | 0.0135 | 0.0169 | 0.0203 | 0.0237 |
| 140 | 0.0109 | 0.0146 | 0.0182 | 0.0218 | 0.0255 |
| 150 | 0.0117 | 0.0156 | 0.0195 | 0.0234 | 0.0273 |

| 材长:2.6m | | 锯材材积表 | | | 单位:m³ |
|---|---|---|---|---|---|
| 材厚<br>材宽 | 30 | 40 | 50 | 60 | 70 |
| 160 | 0.0125 | 0.0166 | 0.0208 | 0.0250 | 0.0291 |
| 170 | 0.0133 | 0.0177 | 0.0221 | 0.0265 | 0.0309 |
| 180 | 0.0140 | 0.0187 | 0.0234 | 0.0281 | 0.0328 |
| 190 | 0.0148 | 0.0198 | 0.0247 | 0.0296 | 0.0346 |
| 200 | 0.0156 | 0.0208 | 0.0260 | 0.0312 | 0.0364 |
| 210 | 0.0164 | 0.0218 | 0.0273 | 0.0328 | 0.0382 |
| 220 | 0.0172 | 0.0229 | 0.0286 | 0.0343 | 0.0400 |
| 230 | 0.0179 | 0.0239 | 0.0299 | 0.0359 | 0.0419 |
| 240 | 0.0187 | 0.0250 | 0.0312 | 0.0374 | 0.0437 |
| 250 | 0.0195 | 0.0260 | 0.0325 | 0.0390 | 0.0455 |
| 260 | 0.0203 | 0.0270 | 0.0338 | 0.0406 | 0.0473 |
| 270 | 0.0211 | 0.0281 | 0.0351 | 0.0421 | 0.0491 |
| 280 | 0.0218 | 0.0291 | 0.0364 | 0.0437 | 0.0510 |
| 290 | 0.0226 | 0.0302 | 0.0377 | 0.0452 | 0.0538 |
| 300 | 0.0234 | 0.0312 | 0.0390 | 0.0468 | 0.0546 |

| 材长:2.8 m | | | 锯材材积表 | | 单位:m³ |
| 材厚<br>材宽 | 12 | 15 | 18 | 21 | 25 |
|---|---|---|---|---|---|
| 50 | 0.0017 | 0.0021 | 0.0025 | 0.0029 | 0.0035 |
| 60 | 0.0020 | 0.0025 | 0.0030 | 0.0035 | 0.0042 |
| 70 | 0.0024 | 0.0029 | 0.0035 | 0.0041 | 0.0049 |
| 80 | 0.0027 | 0.0034 | 0.0040 | 0.0047 | 0.0056 |
| 90 | 0.0030 | 0.0038 | 0.0045 | 0.0053 | 0.0063 |
| 100 | 0.0034 | 0.0042 | 0.0050 | 0.0059 | 0.0070 |
| 110 | 0.0037 | 0.0046 | 0.0055 | 0.0065 | 0.0077 |
| 120 | 0.0040 | 0.0050 | 0.0060 | 0.0071 | 0.0084 |
| 130 | 0.0044 | 0.0055 | 0.0066 | 0.0076 | 0.0091 |
| 140 | 0.0047 | 0.0059 | 0.0071 | 0.0082 | 0.0098 |
| 150 | 0.0050 | 0.0063 | 0.0076 | 0.0088 | 0.0105 |

材长:2.8m　　　　　　　　　　锯材材积表　　　　　　　　　　单位:m³

| 材宽＼材厚 | 12 | 15 | 18 | 21 | 25 |
|---|---|---|---|---|---|
| 160 | 0.0054 | 0.0067 | 0.0081 | 0.0094 | 0.0112 |
| 170 | 0.0057 | 0.0071 | 0.0086 | 0.0100 | 0.0119 |
| 180 | 0.0060 | 0.0076 | 0.0091 | 0.0106 | 0.0126 |
| 190 | 0.0064 | 0.0080 | 0.0096 | 0.0112 | 0.0133 |
| 200 | 0.0067 | 0.0084 | 0.0101 | 0.0118 | 0.0140 |
| 210 | 0.0071 | 0.0088 | 0.0106 | 0.0123 | 0.0147 |
| 220 | 0.0074 | 0.0092 | 0.0111 | 0.0129 | 0.0154 |
| 230 | 0.0077 | 0.0097 | 0.0116 | 0.0135 | 0.0161 |
| 240 | 0.0081 | 0.0101 | 0.0121 | 0.0141 | 0.0168 |
| 250 | 0.0084 | 0.0105 | 0.0126 | 0.0147 | 0.0175 |
| 260 | 0.0087 | 0.0109 | 0.0131 | 0.0153 | 0.0182 |
| 270 | 0.0091 | 0.0113 | 0.0136 | 0.0159 | 0.0189 |
| 280 | 0.0094 | 0.0118 | 0.0141 | 0.0165 | 0.0196 |
| 290 | 0.0097 | 0.0122 | 0.0146 | 0.0171 | 0.0203 |
| 300 | 0.0101 | 0.0126 | 0.0151 | 0.0176 | 0.0210 |

| 材长:2.8m | | | 锯材材积表 | | 单位:m³ |
|---|---|---|---|---|---|
| 材厚<br>材宽 | 30 | 40 | 50 | 60 | 70 |
| 50 | 0.0042 | 0.0056 | 0.0070 | 0.0084 | 0.0098 |
| 60 | 0.0050 | 0.0067 | 0.0084 | 0.0101 | 0.0118 |
| 70 | 0.0059 | 0.0078 | 0.0098 | 0.0118 | 0.0137 |
| 80 | 0.0067 | 0.0090 | 0.0112 | 0.0134 | 0.0157 |
| 90 | 0.0076 | 0.0101 | 0.0126 | 0.0151 | 0.0176 |
| 100 | 0.0084 | 0.0112 | 0.0140 | 0.0168 | 0.0196 |
| 110 | 0.0092 | 0.0123 | 0.0154 | 0.0185 | 0.0216 |
| 120 | 0.0101 | 0.0134 | 0.0168 | 0.0202 | 0.0235 |
| 130 | 0.0109 | 0.0146 | 0.0182 | 0.0218 | 0.0255 |
| 140 | 0.0118 | 0.0157 | 0.0196 | 0.0235 | 0.0274 |
| 150 | 0.0126 | 0.0168 | 0.0210 | 0.0252 | 0.0294 |

材长:2.8m　　　　　　　　　锯材材积表　　　　　　　　单位:m³

| 材宽 材厚 | 30 | 40 | 50 | 60 | 70 |
|---|---|---|---|---|---|
| 160 | 0.0134 | 0.0179 | 0.0224 | 0.0269 | 0.0314 |
| 170 | 0.0142 | 0.0190 | 0.0238 | 0.0286 | 0.0333 |
| 180 | 0.0151 | 0.0202 | 0.0252 | 0.0302 | 0.0353 |
| 190 | 0.0160 | 0.0213 | 0.0266 | 0.0319 | 0.0372 |
| 200 | 0.0168 | 0.0224 | 0.0280 | 0.0336 | 0.0392 |
| 210 | 0.0176 | 0.0235 | 0.0294 | 0.0353 | 0.0412 |
| 220 | 0.0185 | 0.0246 | 0.0308 | 0.0370 | 0.0431 |
| 230 | 0.0193 | 0.0258 | 0.0322 | 0.0386 | 0.0451 |
| 240 | 0.0202 | 0.0269 | 0.0336 | 0.0403 | 0.0470 |
| 250 | 0.0210 | 0.0280 | 0.0350 | 0.0420 | 0.0490 |
| 260 | 0.0218 | 0.0291 | 0.0364 | 0.0437 | 0.0510 |
| 270 | 0.0227 | 0.0302 | 0.0378 | 0.0454 | 0.0529 |
| 280 | 0.0235 | 0.0314 | 0.0392 | 0.0470 | 0.0549 |
| 290 | 0.0244 | 0.0325 | 0.0406 | 0.0487 | 0.0568 |
| 300 | 0.0252 | 0.0336 | 0.0420 | 0.0504 | 0.0588 |

材长:3.0m  　　　　　　　锯材材积表　　　　　　　　单位:m³

| 材宽 \ 材厚 | 12 | 15 | 18 | 21 | 25 |
|---|---|---|---|---|---|
| 50 | 0.0018 | 0.0023 | 0.0027 | 0.0032 | 0.0038 |
| 60 | 0.0022 | 0.0027 | 0.0032 | 0.0038 | 0.0045 |
| 70 | 0.0025 | 0.0032 | 0.0038 | 0.0044 | 0.0053 |
| 80 | 0.0029 | 0.0036 | 0.0043 | 0.0050 | 0.0060 |
| 90 | 0.0032 | 0.0041 | 0.0049 | 0.0057 | 0.0068 |
| 100 | 0.0036 | 0.0045 | 0.0054 | 0.0063 | 0.0075 |
| 110 | 0.0040 | 0.0050 | 0.0059 | 0.0069 | 0.0083 |
| 120 | 0.0043 | 0.0054 | 0.0065 | 0.0076 | 0.0090 |
| 130 | 0.0047 | 0.0059 | 0.0070 | 0.0082 | 0.0098 |
| 140 | 0.0050 | 0.0063 | 0.0076 | 0.0088 | 0.0105 |
| 150 | 0.0054 | 0.0068 | 0.0081 | 0.0095 | 0.0113 |

材长：3.0m 锯材材积表 单位：m³

| 材宽\材厚 | 12 | 15 | 18 | 21 | 25 |
|---|---|---|---|---|---|
| 160 | 0.0058 | 0.0072 | 0.0086 | 0.0101 | 0.0120 |
| 170 | 0.0061 | 0.0077 | 0.0092 | 0.0107 | 0.0128 |
| 180 | 0.0065 | 0.0081 | 0.0097 | 0.0113 | 0.0135 |
| 190 | 0.0068 | 0.0086 | 0.0103 | 0.0120 | 0.0143 |
| 200 | 0.0072 | 0.0090 | 0.0108 | 0.0126 | 0.0150 |
| 210 | 0.0076 | 0.0095 | 0.0113 | 0.0132 | 0.0158 |
| 220 | 0.0079 | 0.0099 | 0.0119 | 0.0139 | 0.0165 |
| 230 | 0.0083 | 0.0104 | 0.0124 | 0.0145 | 0.0173 |
| 240 | 0.0086 | 0.0108 | 0.0130 | 0.0151 | 0.0180 |
| 250 | 0.0090 | 0.0113 | 0.0135 | 0.0158 | 0.0188 |
| 260 | 0.0094 | 0.0117 | 0.0140 | 0.0164 | 0.0195 |
| 270 | 0.0097 | 0.0122 | 0.0146 | 0.0170 | 0.0203 |
| 280 | 0.0101 | 0.0126 | 0.0151 | 0.0176 | 0.0210 |
| 290 | 0.0104 | 0.0131 | 0.0157 | 0.0183 | 0.0218 |
| 300 | 0.0108 | 0.0135 | 0.0162 | 0.0189 | 0.0225 |

**锯材材积表**

单位:m³

| 材宽＼材厚 | 30 | 40 | 50 | 60 | 70 |
|---|---|---|---|---|---|
| 50 | 0.0045 | 0.0060 | 0.0075 | 0.0090 | 0.0105 |
| 60 | 0.0054 | 0.0072 | 0.0090 | 0.0108 | 0.0126 |
| 70 | 0.0063 | 0.0084 | 0.0105 | 0.0126 | 0.0147 |
| 80 | 0.0072 | 0.0096 | 0.0120 | 0.0144 | 0.0168 |
| 90 | 0.0081 | 0.0108 | 0.0135 | 0.0162 | 0.0189 |
| 100 | 0.0090 | 0.0120 | 0.0150 | 0.0180 | 0.0210 |
| 110 | 0.0099 | 0.0132 | 0.0165 | 0.0198 | 0.0231 |
| 120 | 0.0108 | 0.0144 | 0.0180 | 0.0216 | 0.0252 |
| 130 | 0.0117 | 0.0156 | 0.0195 | 0.0234 | 0.0273 |
| 140 | 0.0126 | 0.0168 | 0.0210 | 0.0252 | 0.0294 |
| 150 | 0.0135 | 0.0180 | 0.0225 | 0.0270 | 0.0315 |

材长:3.0m　　　　　　　　　　　锯材材积表　　　　　　　　　　单位:m³

| 材宽 \ 材厚 | 30 | 40 | 50 | 60 | 70 |
|---|---|---|---|---|---|
| 160 | 0.0144 | 0.0192 | 0.0240 | 0.0288 | 0.0336 |
| 170 | 0.0153 | 0.0204 | 0.0270 | 0.0324 | 0.0357 |
| 180 | 0.0162 | 0.0216 | 0.0270 | 0.0342 | 0.0378 |
| 190 | 0.0171 | 0.0228 | 0.0285 | 0.0360 | 0.0399 |
| 200 | 0.0180 | 0.0240 | 0.0300 | 0.0360 | 0.0420 |
| 210 | 0.0189 | 0.0252 | 0.0315 | 0.0378 | 0.0441 |
| 220 | 0.0198 | 0.0264 | 0.0330 | 0.0396 | 0.0462 |
| 230 | 0.0207 | 0.0276 | 0.0345 | 0.0414 | 0.0483 |
| 240 | 0.0216 | 0.0288 | 0.0360 | 0.0432 | 0.0504 |
| 250 | 0.0225 | 0.0300 | 0.0375 | 0.0450 | 0.0525 |
| 260 | 0.0234 | 0.0312 | 0.0390 | 0.0468 | 0.0546 |
| 270 | 0.0243 | 0.0324 | 0.0405 | 0.0486 | 0.0567 |
| 280 | 0.0252 | 0.0336 | 0.0420 | 0.0504 | 0.0588 |
| 290 | 0.0261 | 0.0348 | 0.0435 | 0.0522 | 0.0609 |
| 300 | 0.0270 | 0.0360 | 0.0450 | 0.0540 | 0.0630 |

材长:3.2m　　　　　　　　**锯材材积表**　　　　　　单位:m³

| 材厚<br>材宽 | 12 | 15 | 18 | 21 | 25 |
|---|---|---|---|---|---|
| 50 | 0.0019 | 0.0024 | 0.0029 | 0.0034 | 0.0040 |
| 60 | 0.0023 | 0.0029 | 0.0035 | 0.0040 | 0.0048 |
| 70 | 0.0027 | 0.0034 | 0.0040 | 0.0047 | 0.0056 |
| 80 | 0.0031 | 0.0038 | 0.0046 | 0.0054 | 0.0064 |
| 90 | 0.0035 | 0.0043 | 0.0052 | 0.0060 | 0.0072 |
| 100 | 0.0038 | 0.0048 | 0.0058 | 0.0067 | 0.0080 |
| 110 | 0.0042 | 0.0053 | 0.0063 | 0.0074 | 0.0088 |
| 120 | 0.0046 | 0.0058 | 0.0069 | 0.0081 | 0.0096 |
| 130 | 0.0050 | 0.0062 | 0.0075 | 0.0087 | 0.0104 |
| 140 | 0.0054 | 0.0067 | 0.0081 | 0.0094 | 0.0112 |
| 150 | 0.0058 | 0.0072 | 0.0086 | 0.0101 | 0.0120 |

锯材材积表

| 材厚<br>材宽 | 12 | 15 | 18 | 21 | 25 |
|---|---|---|---|---|---|
| 160 | 0.0061 | 0.0077 | 0.0092 | 0.0108 | 0.0128 |
| 170 | 0.0065 | 0.0082 | 0.0098 | 0.0114 | 0.0136 |
| 180 | 0.0069 | 0.0086 | 0.0104 | 0.0121 | 0.0144 |
| 190 | 0.0073 | 0.0091 | 0.0109 | 0.0128 | 0.0152 |
| 200 | 0.0077 | 0.0096 | 0.0115 | 0.0134 | 0.0160 |
| 210 | 0.0081 | 0.0101 | 0.0121 | 0.0141 | 0.0168 |
| 220 | 0.0084 | 0.0106 | 0.0127 | 0.0148 | 0.0176 |
| 230 | 0.0088 | 0.0110 | 0.0132 | 0.0155 | 0.0184 |
| 240 | 0.0092 | 0.0115 | 0.0138 | 0.0161 | 0.0192 |
| 250 | 0.0096 | 0.0120 | 0.0144 | 0.0168 | 0.0200 |
| 260 | 0.0100 | 0.0125 | 0.0150 | 0.0175 | 0.0208 |
| 270 | 0.0104 | 0.0130 | 0.0156 | 0.0181 | 0.0216 |
| 280 | 0.0108 | 0.0134 | 0.0161 | 0.0188 | 0.0224 |
| 290 | 0.0111 | 0.0139 | 0.0167 | 0.0195 | 0.0232 |
| 300 | 0.0115 | 0.0144 | 0.0173 | 0.0202 | 0.0240 |

| 材长:3.2m | 锯材材积表 | | | 单位:m³ | |
| --- | --- | --- | --- | --- | --- |
| 材厚<br>材宽 | 30 | 40 | 50 | 60 | 70 |
| 50 | 0.0048 | 0.0064 | 0.0080 | 0.0096 | 0.0112 |
| 60 | 0.0058 | 0.0077 | 0.0096 | 0.0115 | 0.0134 |
| 70 | 0.0067 | 0.0090 | 0.0112 | 0.0134 | 0.0157 |
| 80 | 0.0077 | 0.0102 | 0.0128 | 0.0154 | 0.0179 |
| 90 | 0.0086 | 0.0115 | 0.0144 | 0.0173 | 0.0202 |
| 100 | 0.0096 | 0.0128 | 0.0160 | 0.0192 | 0.0224 |
| 110 | 0.0106 | 0.0141 | 0.0176 | 0.0211 | 0.0246 |
| 120 | 0.0115 | 0.0154 | 0.0192 | 0.0230 | 0.0269 |
| 130 | 0.0125 | 0.0166 | 0.0208 | 0.0250 | 0.0291 |
| 140 | 0.0134 | 0.0179 | 0.0224 | 0.0269 | 0.0314 |
| 150 | 0.0144 | 0.0192 | 0.0240 | 0.0288 | 0.0336 |

材长:3.2m　　　　　　　　**锯材材积表**　　　　　　　　单位:m³

| 材厚<br>材宽 | 30 | 40 | 50 | 60 | 70 |
|---|---|---|---|---|---|
| 160 | 0.0154 | 0.0205 | 0.0256 | 0.0307 | 0.0358 |
| 170 | 0.0163 | 0.0218 | 0.0272 | 0.0326 | 0.0381 |
| 180 | 0.0173 | 0.0230 | 0.0288 | 0.0346 | 0.0403 |
| 190 | 0.0182 | 0.0243 | 0.0304 | 0.0365 | 0.0426 |
| 200 | 0.0192 | 0.0256 | 0.0320 | 0.0384 | 0.0448 |
| 210 | 0.0202 | 0.0269 | 0.0336 | 0.0403 | 0.0470 |
| 220 | 0.0211 | 0.0282 | 0.0352 | 0.0422 | 0.0493 |
| 230 | 0.0221 | 0.0294 | 0.0368 | 0.0442 | 0.0515 |
| 240 | 0.0230 | 0.0307 | 0.0384 | 0.0461 | 0.0538 |
| 250 | 0.0240 | 0.0320 | 0.0400 | 0.0480 | 0.0560 |
| 260 | 0.0250 | 0.0333 | 0.0416 | 0.0499 | 0.0582 |
| 270 | 0.0259 | 0.0346 | 0.0432 | 0.0518 | 0.0605 |
| 280 | 0.0269 | 0.0358 | 0.0448 | 0.0538 | 0.0627 |
| 290 | 0.0278 | 0.0371 | 0.0464 | 0.0557 | 0.0650 |
| 300 | 0.0288 | 0.0384 | 0.0480 | 0.0576 | 0.0672 |

材长:3.4m  锯材材积表  单位:m³

| 材宽 \ 材厚 | 12 | 15 | 18 | 21 | 25 |
|---|---|---|---|---|---|
| 50 | 0.0020 | 0.0026 | 0.0031 | 0.0036 | 0.0043 |
| 60 | 0.0024 | 0.0031 | 0.0037 | 0.0043 | 0.0051 |
| 70 | 0.0029 | 0.0036 | 0.0043 | 0.0050 | 0.0060 |
| 80 | 0.0038 | 0.0041 | 0.0049 | 0.0057 | 0.0068 |
| 90 | 0.0037 | 0.0046 | 0.0055 | 0.0064 | 0.0077 |
| 100 | 0.0041 | 0.0051 | 0.0061 | 0.0071 | 0.0085 |
| 110 | 0.0045 | 0.0056 | 0.0067 | 0.0079 | 0.0094 |
| 120 | 0.0049 | 0.0061 | 0.0073 | 0.0086 | 0.0102 |
| 130 | 0.0053 | 0.0066 | 0.0080 | 0.0093 | 0.0111 |
| 140 | 0.0057 | 0.0071 | 0.0086 | 0.0100 | 0.0119 |
| 150 | 0.0061 | 0.0077 | 0.0092 | 0.0107 | 0.0128 |

材长:3.4m　　　　　　　　　　锯材材积表　　　　　　　　　　单位:m³

| 材宽＼材厚 | 12 | 15 | 18 | 21 | 25 |
|---|---|---|---|---|---|
| 160 | 0.0065 | 0.0082 | 0.0098 | 0.0114 | 0.0136 |
| 170 | 0.0069 | 0.0087 | 0.0104 | 0.0121 | 0.0145 |
| 180 | 0.0073 | 0.0092 | 0.0110 | 0.0129 | 0.0153 |
| 190 | 0.0078 | 0.0097 | 0.0116 | 0.0136 | 0.0162 |
| 200 | 0.0082 | 0.0102 | 0.0122 | 0.0143 | 0.0170 |
| 210 | 0.0086 | 0.0107 | 0.0129 | 0.0150 | 0.0179 |
| 220 | 0.0090 | 0.0112 | 0.0135 | 0.0157 | 0.0187 |
| 230 | 0.0094 | 0.0117 | 0.0141 | 0.0164 | 0.0196 |
| 240 | 0.0098 | 0.0122 | 0.0147 | 0.0171 | 0.0204 |
| 250 | 0.0102 | 0.0128 | 0.0153 | 0.0179 | 0.0213 |
| 260 | 0.0106 | 0.0133 | 0.0159 | 0.0186 | 0.0221 |
| 270 | 0.0110 | 0.0138 | 0.0165 | 0.0193 | 0.0230 |
| 280 | 0.0114 | 0.0143 | 0.0171 | 0.0200 | 0.0238 |
| 290 | 0.0118 | 0.0148 | 0.0177 | 0.0207 | 0.0247 |
| 300 | 0.0122 | 0.0153 | 0.0184 | 0.0214 | 0.0255 |

材长：3.4m  锯材材积表  单位：m³

| 材宽 \ 材厚 | 30 | 40 | 50 | 60 | 70 |
|---|---|---|---|---|---|
| 50 | 0.0051 | 0.0068 | 0.0085 | 0.0102 | 0.0119 |
| 60 | 0.0061 | 0.0082 | 0.0102 | 0.0122 | 0.0143 |
| 70 | 0.0071 | 0.0095 | 0.0119 | 0.0143 | 0.0167 |
| 80 | 0.0082 | 0.0109 | 0.0136 | 0.0163 | 0.0190 |
| 90 | 0.0092 | 0.0122 | 0.0153 | 0.0184 | 0.0214 |
| 100 | 0.0102 | 0.0136 | 0.0170 | 0.0204 | 0.0238 |
| 110 | 0.0112 | 0.0150 | 0.0187 | 0.0224 | 0.0262 |
| 120 | 0.0122 | 0.0163 | 0.0204 | 0.0245 | 0.0286 |
| 130 | 0.0133 | 0.0177 | 0.0221 | 0.0265 | 0.0309 |
| 140 | 0.0143 | 0.0190 | 0.0238 | 0.0286 | 0.0333 |
| 150 | 0.0153 | 0.0204 | 0.0255 | 0.0306 | 0.0357 |

材长:3.4m                         锯材材积表                         单位:m³

| 材厚<br>材宽 | 30 | 40 | 50 | 60 | 70 |
|---|---|---|---|---|---|
| 160 | 0.0163 | 0.0218 | 0.0272 | 0.0326 | 0.0381 |
| 170 | 0.0173 | 0.0231 | 0.0289 | 0.0347 | 0.0405 |
| 180 | 0.0184 | 0.0245 | 0.0306 | 0.0367 | 0.0428 |
| 190 | 0.0194 | 0.0258 | 0.0323 | 0.0388 | 0.0452 |
| 200 | 0.0204 | 0.0272 | 0.0340 | 0.0408 | 0.0476 |
| 210 | 0.0214 | 0.0286 | 0.0357 | 0.0428 | 0.0500 |
| 220 | 0.0224 | 0.0299 | 0.0374 | 0.0449 | 0.0524 |
| 230 | 0.0235 | 0.0313 | 0.0391 | 0.0469 | 0.0547 |
| 240 | 0.0245 | 0.0326 | 0.0408 | 0.0490 | 0.0571 |
| 250 | 0.0255 | 0.0340 | 0.0425 | 0.0510 | 0.0595 |
| 260 | 0.0265 | 0.0354 | 0.0442 | 0.0530 | 0.0619 |
| 270 | 0.0275 | 0.0367 | 0.0459 | 0.0551 | 0.0643 |
| 280 | 0.0286 | 0.0381 | 0.0476 | 0.0571 | 0.0666 |
| 290 | 0.0296 | 0.0394 | 0.0493 | 0.0592 | 0.0690 |
| 300 | 0.0306 | 0.0408 | 0.0510 | 0.0612 | 0.0714 |

| 材长:3.6m | | 锯材材积表 | | 单位:m³ | |
|---|---|---|---|---|---|
| 材宽 \ 材厚 | 12 | 15 | 18 | 21 | 25 |
| 50 | 0.0022 | 0.0027 | 0.0032 | 0.0038 | 0.0045 |
| 60 | 0.0026 | 0.0032 | 0.0039 | 0.0045 | 0.0054 |
| 70 | 0.0030 | 0.0038 | 0.0045 | 0.0053 | 0.0063 |
| 80 | 0.0035 | 0.0043 | 0.0052 | 0.0060 | 0.0072 |
| 90 | 0.0039 | 0.0049 | 0.0058 | 0.0068 | 0.0081 |
| 100 | 0.0043 | 0.0054 | 0.0065 | 0.0076 | 0.0090 |
| 110 | 0.0048 | 0.0059 | 0.0071 | 0.0083 | 0.0099 |
| 120 | 0.0052 | 0.0065 | 0.0078 | 0.0091 | 0.0108 |
| 130 | 0.0056 | 0.0070 | 0.0084 | 0.0098 | 0.0117 |
| 140 | 0.0060 | 0.0076 | 0.0091 | 0.0106 | 0.0126 |
| 150 | 0.0065 | 0.0081 | 0.0097 | 0.0113 | 0.0135 |

| 材宽＼材厚 | 12 | 15 | 18 | 21 | 25 |
|---|---|---|---|---|---|
| 160 | 0.0069 | 0.0086 | 0.0104 | 0.0121 | 0.0144 |
| 170 | 0.0073 | 0.0092 | 0.0110 | 0.0129 | 0.0153 |
| 180 | 0.0078 | 0.0097 | 0.0117 | 0.0136 | 0.0162 |
| 190 | 0.0082 | 0.0103 | 0.0123 | 0.0144 | 0.0171 |
| 200 | 0.0086 | 0.0108 | 0.0130 | 0.0151 | 0.0180 |
| 210 | 0.0091 | 0.0113 | 0.0136 | 0.0159 | 0.0189 |
| 220 | 0.0095 | 0.0119 | 0.0143 | 0.0166 | 0.0198 |
| 230 | 0.0099 | 0.0124 | 0.0149 | 0.0174 | 0.0207 |
| 240 | 0.0104 | 0.0130 | 0.0156 | 0.0181 | 0.0216 |
| 250 | 0.0108 | 0.0135 | 0.0162 | 0.0189 | 0.0225 |
| 260 | 0.0112 | 0.0140 | 0.0168 | 0.0197 | 0.0234 |
| 270 | 0.0117 | 0.0146 | 0.0175 | 0.0204 | 0.0243 |
| 280 | 0.0121 | 0.0151 | 0.0181 | 0.0212 | 0.0252 |
| 290 | 0.0125 | 0.0157 | 0.0188 | 0.0219 | 0.0261 |
| 300 | 0.0130 | 0.0162 | 0.0194 | 0.0227 | 0.0270 |

| 材宽 ＼ 材厚 | 30 | 40 | 50 | 60 | 70 |
|---|---|---|---|---|---|
| 50 | 0.0054 | 0.0072 | 0.0090 | 0.0108 | 0.0126 |
| 60 | 0.0065 | 0.0086 | 0.0108 | 0.0130 | 0.0151 |
| 70 | 0.0076 | 0.0101 | 0.0126 | 0.0151 | 0.0176 |
| 80 | 0.0086 | 0.0115 | 0.0144 | 0.0173 | 0.0202 |
| 90 | 0.0097 | 0.0130 | 0.0162 | 0.0194 | 0.0227 |
| 100 | 0.0108 | 0.0144 | 0.0180 | 0.0216 | 0.0252 |
| 110 | 0.0119 | 0.0158 | 0.0198 | 0.0238 | 0.0277 |
| 120 | 0.0130 | 0.0173 | 0.0216 | 0.0259 | 0.0302 |
| 130 | 0.0140 | 0.0187 | 0.0234 | 0.0281 | 0.0328 |
| 140 | 0.0151 | 0.0202 | 0.0252 | 0.0302 | 0.0353 |
| 150 | 0.0162 | 0.0216 | 0.0270 | 0.0324 | 0.0378 |

材长：3.6m　　　　　　　　　　锯材材积表　　　　　　　　　单位：m³

| 材宽 ＼ 材厚 | 30 | 40 | 50 | 60 | 70 |
|---|---|---|---|---|---|
| 160 | 0.0173 | 0.0230 | 0.0288 | 0.0346 | 0.0403 |
| 170 | 0.0184 | 0.0245 | 0.0306 | 0.0367 | 0.0428 |
| 180 | 0.0194 | 0.0259 | 0.0324 | 0.0389 | 0.0454 |
| 190 | 0.0205 | 0.0274 | 0.0342 | 0.0410 | 0.0479 |
| 200 | 0.0216 | 0.0288 | 0.0360 | 0.0432 | 0.0504 |
| 210 | 0.0227 | 0.0302 | 0.0378 | 0.0454 | 0.0529 |
| 220 | 0.0238 | 0.0317 | 0.0396 | 0.0475 | 0.0554 |
| 230 | 0.0248 | 0.0331 | 0.0414 | 0.0497 | 0.0580 |
| 240 | 0.0259 | 0.0346 | 0.0432 | 0.0518 | 0.0605 |
| 250 | 0.0270 | 0.0360 | 0.0450 | 0.0540 | 0.0630 |
| 260 | 0.0281 | 0.0374 | 0.0468 | 0.0562 | 0.0655 |
| 270 | 0.0292 | 0.0389 | 0.0486 | 0.0583 | 0.0680 |
| 280 | 0.0302 | 0.0403 | 0.0504 | 0.0605 | 0.0706 |
| 290 | 0.0313 | 0.0418 | 0.0522 | 0.0626 | 0.0731 |
| 300 | 0.0324 | 0.0432 | 0.0540 | 0.0648 | 0.0756 |

材长:3.8m　　　　　　　　**锯材材积表**　　　　　　　　单位:m³

| 材宽＼材厚 | 12 | 15 | 18 | 21 | 25 |
|---|---|---|---|---|---|
| 50 | 0.0023 | 0.0029 | 0.0034 | 0.0040 | 0.0048 |
| 60 | 0.0027 | 0.0034 | 0.0041 | 0.0048 | 0.0057 |
| 70 | 0.0032 | 0.0040 | 0.0048 | 0.0056 | 0.0067 |
| 80 | 0.0036 | 0.0046 | 0.0055 | 0.0064 | 0.0076 |
| 90 | 0.0041 | 0.0051 | 0.0062 | 0.0072 | 0.0086 |
| 100 | 0.0046 | 0.0057 | 0.0068 | 0.0080 | 0.0095 |
| 110 | 0.0050 | 0.0063 | 0.0075 | 0.0088 | 0.0105 |
| 120 | 0.0055 | 0.0068 | 0.0082 | 0.0096 | 0.0114 |
| 130 | 0.0059 | 0.0074 | 0.0089 | 0.0104 | 0.0124 |
| 140 | 0.0064 | 0.0080 | 0.0096 | 0.0112 | 0.0133 |
| 150 | 0.0068 | 0.0086 | 0.0103 | 0.0120 | 0.0143 |

| 材长:3.8m | | 锯材材积表 | | | 单位:m³ |
|---|---|---|---|---|---|
| 材宽＼材厚 | 12 | 15 | 18 | 21 | 25 |
| 160 | 0.0073 | 0.0091 | 0.0109 | 0.0128 | 0.0152 |
| 170 | 0.0078 | 0.0097 | 0.0116 | 0.0136 | 0.0162 |
| 180 | 0.0082 | 0.0103 | 0.0123 | 0.0144 | 0.0171 |
| 190 | 0.0087 | 0.0108 | 0.0130 | 0.0152 | 0.0181 |
| 200 | 0.0091 | 0.0114 | 0.0137 | 0.0160 | 0.0190 |
| 210 | 0.0096 | 0.0120 | 0.0144 | 0.0168 | 0.0200 |
| 220 | 0.0100 | 0.0125 | 0.0150 | 0.0176 | 0.0209 |
| 230 | 0.0105 | 0.0131 | 0.0157 | 0.0184 | 0.0219 |
| 240 | 0.0109 | 0.0137 | 0.0164 | 0.0192 | 0.0228 |
| 250 | 0.0114 | 0.0143 | 0.0171 | 0.0200 | 0.0238 |
| 260 | 0.0119 | 0.0148 | 0.0178 | 0.0207 | 0.0247 |
| 270 | 0.0123 | 0.0154 | 0.0185 | 0.0215 | 0.0257 |
| 280 | 0.0128 | 0.0160 | 0.0192 | 0.0223 | 0.0266 |
| 290 | 0.0132 | 0.0165 | 0.0198 | 0.0231 | 0.0276 |
| 300 | 0.0137 | 0.0171 | 0.0205 | 0.0239 | 0.0285 |

材长:3.8m　　　　　　　　　　锯材材积表　　　　　　　　　　单位:m³

| 材厚<br>材宽 | 30 | 40 | 50 | 60 | 70 |
|---|---|---|---|---|---|
| 50 | 0.0057 | 0.0076 | 0.0095 | 0.0114 | 0.0133 |
| 60 | 0.0068 | 0.0091 | 0.0114 | 0.0137 | 0.0160 |
| 70 | 0.0080 | 0.0106 | 0.0133 | 0.0160 | 0.0186 |
| 80 | 0.0091 | 0.0122 | 0.0152 | 0.0182 | 0.0213 |
| 90 | 0.0103 | 0.0137 | 0.0171 | 0.0205 | 0.0239 |
| 100 | 0.0114 | 0.0152 | 0.0190 | 0.0228 | 0.0266 |
| 110 | 0.0125 | 0.0167 | 0.0209 | 0.0251 | 0.0293 |
| 120 | 0.0137 | 0.0182 | 0.0228 | 0.0274 | 0.0319 |
| 130 | 0.0148 | 0.0198 | 0.0247 | 0.0296 | 0.0346 |
| 140 | 0.0160 | 0.0213 | 0.0266 | 0.0319 | 0.0346 |
| 150 | 0.0171 | 0.0228 | 0.0285 | 0.0342 | 0.0372 |

材长:3.8m　　　　　　　　　　锯材材积表　　　　　　　　　　单位:m³

| 材厚<br>材宽 | 30 | 40 | 50 | 60 | 70 |
|---|---|---|---|---|---|
| 160 | 0.0182 | 0.0243 | 0.0304 | 0.0365 | 0.0426 |
| 170 | 0.0194 | 0.0258 | 0.0323 | 0.0388 | 0.0452 |
| 180 | 0.0205 | 0.0274 | 0.0342 | 0.0410 | 0.0479 |
| 190 | 0.0217 | 0.0289 | 0.0361 | 0.0433 | 0.0505 |
| 200 | 0.0228 | 0.0304 | 0.0380 | 0.0456 | 0.0532 |
| 210 | 0.0239 | 0.0319 | 0.0399 | 0.0479 | 0.0559 |
| 220 | 0.0251 | 0.0334 | 0.0418 | 0.0502 | 0.0585 |
| 230 | 0.0262 | 0.0350 | 0.0437 | 0.0524 | 0.0612 |
| 240 | 0.0274 | 0.0365 | 0.0456 | 0.0547 | 0.0638 |
| 250 | 0.0285 | 0.0380 | 0.0475 | 0.0570 | 0.0665 |
| 260 | 0.0296 | 0.0395 | 0.0494 | 0.0593 | 0.0692 |
| 270 | 0.0308 | 0.0410 | 0.0513 | 0.0616 | 0.0718 |
| 280 | 0.0319 | 0.0426 | 0.0532 | 0.0638 | 0.0745 |
| 290 | 0.0331 | 0.0441 | 0.0551 | 0.0661 | 0.0771 |
| 300 | 0.0342 | 0.0456 | 0.0570 | 0.0684 | 0.0798 |

材长:4.0m　　　　　　　　　　　锯材材积表　　　　　　　　　　单位:m³

| 材宽＼材厚 | 12 | 15 | 18 | 21 | 25 |
|---|---|---|---|---|---|
| 50 | 0.0024 | 0.0030 | 0.0036 | 0.0042 | 0.0050 |
| 60 | 0.0029 | 0.0036 | 0.0043 | 0.0050 | 0.0060 |
| 70 | 0.0034 | 0.0042 | 0.0050 | 0.0059 | 0.0070 |
| 80 | 0.0038 | 0.0048 | 0.0058 | 0.0067 | 0.0080 |
| 90 | 0.0043 | 0.0054 | 0.0065 | 0.0076 | 0.0090 |
| 100 | 0.0048 | 0.0060 | 0.0072 | 0.0084 | 0.0100 |
| 110 | 0.0053 | 0.0066 | 0.0079 | 0.0092 | 0.0110 |
| 120 | 0.0058 | 0.0072 | 0.0086 | 0.0101 | 0.0120 |
| 130 | 0.0062 | 0.0078 | 0.0094 | 0.0109 | 0.0130 |
| 140 | 0.0067 | 0.0084 | 0.0101 | 0.0118 | 0.0140 |
| 150 | 0.0072 | 0.0090 | 0.0108 | 0.0126 | 0.0150 |

材长:4.0m　　　　　　　　**锯材材积表**　　　　　　　单位:m³

| 材厚<br>材宽 | 12 | 15 | 18 | 21 | 25 |
|---|---|---|---|---|---|
| 160 | 0.0077 | 0.0096 | 0.0115 | 0.0134 | 0.0160 |
| 170 | 0.0082 | 0.0102 | 0.0122 | 0.0143 | 0.0170 |
| 180 | 0.0086 | 0.0108 | 0.0130 | 0.0151 | 0.0180 |
| 190 | 0.0091 | 0.0114 | 0.0137 | 0.0160 | 0.0190 |
| 200 | 0.0096 | 0.0120 | 0.0144 | 0.0168 | 0.0200 |
| 210 | 0.0101 | 0.0126 | 0.0151 | 0.0176 | 0.0210 |
| 220 | 0.0106 | 0.0132 | 0.0158 | 0.0185 | 0.0220 |
| 230 | 0.0110 | 0.0138 | 0.0166 | 0.0193 | 0.0230 |
| 240 | 0.0115 | 0.0144 | 0.0173 | 0.0202 | 0.0240 |
| 250 | 0.0120 | 0.0150 | 0.0180 | 0.0210 | 0.0250 |
| 260 | 0.0125 | 0.0156 | 0.0187 | 0.0218 | 0.0260 |
| 270 | 0.0130 | 0.0162 | 0.0194 | 0.0227 | 0.0270 |
| 280 | 0.0134 | 0.0168 | 0.0202 | 0.0235 | 0.0280 |
| 290 | 0.0139 | 0.0174 | 0.0209 | 0.0244 | 0.0290 |
| 300 | 0.0144 | 0.0180 | 0.0216 | 0.0252 | 0.0300 |

| 材厚<br>材宽 | 30 | 40 | 50 | 60 | 70 |
|---|---|---|---|---|---|
| 50 | 0.0060 | 0.0080 | 0.0100 | 0.0120 | 0.0140 |
| 60 | 0.0072 | 0.0096 | 0.0102 | 0.0144 | 0.0168 |
| 70 | 0.0084 | 0.0112 | 0.0140 | 0.0168 | 0.0196 |
| 80 | 0.0096 | 0.0128 | 0.0160 | 0.0192 | 0.0224 |
| 90 | 0.0108 | 0.0144 | 0.0180 | 0.0216 | 0.0252 |
| 100 | 0.0120 | 0.0160 | 0.0200 | 0.0240 | 0.0280 |
| 110 | 0.0132 | 0.0176 | 0.0220 | 0.0264 | 0.0308 |
| 120 | 0.0144 | 0.0192 | 0.0240 | 0.0288 | 0.0336 |
| 130 | 0.0156 | 0.0208 | 0.0260 | 0.0312 | 0.0364 |
| 140 | 0.0168 | 0.0224 | 0.0280 | 0.0336 | 0.0392 |
| 150 | 0.0180 | 0.0240 | 0.0300 | 0.0360 | 0.0420 |

| 材长:4.0m | 锯材材积表 | | | 单位:m³ | |
| --- | --- | --- | --- | --- | --- |
| 材厚<br>材宽 | 30 | 40 | 50 | 60 | 70 |
| 160 | 0.0192 | 0.0256 | 0.0320 | 0.0384 | 0.0448 |
| 170 | 0.0204 | 0.0272 | 0.0340 | 0.0408 | 0.0476 |
| 180 | 0.0216 | 0.0288 | 0.0360 | 0.0432 | 0.0504 |
| 190 | 0.0228 | 0.0304 | 0.0380 | 0.0456 | 0.0532 |
| 200 | 0.0240 | 0.0320 | 0.0400 | 0.0480 | 0.0560 |
| 210 | 0.0252 | 0.0336 | 0.0420 | 0.0504 | 0.0588 |
| 220 | 0.0264 | 0.0352 | 0.0440 | 0.0528 | 0.0616 |
| 230 | 0.0276 | 0.0368 | 0.0460 | 0.0552 | 0.0644 |
| 240 | 0.0288 | 0.0384 | 0.0480 | 0.0576 | 0.0672 |
| 250 | 0.0300 | 0.0400 | 0.0500 | 0.0600 | 0.0700 |
| 260 | 0.0312 | 0.0416 | 0.0520 | 0.0624 | 0.0728 |
| 270 | 0.0324 | 0.0432 | 0.0540 | 0.0648 | 0.0756 |
| 280 | 0.0336 | 0.0448 | 0.0560 | 0.0672 | 0.0784 |
| 290 | 0.0348 | 0.0464 | 0.0580 | 0.0696 | 0.0812 |
| 300 | 0.0360 | 0.0480 | 0.0600 | 0.0720 | 0.0840 |

材长:4.2m　　　　　　　　　锯材材积表　　　　　　　　　单位:m³

| 材宽＼材厚 | 12 | 15 | 18 | 21 | 25 |
|---|---|---|---|---|---|
| 50 | 0.0025 | 0.0032 | 0.0038 | 0.0044 | 0.0053 |
| 60 | 0.0030 | 0.0038 | 0.0045 | 0.0053 | 0.0063 |
| 70 | 0.0035 | 0.0044 | 0.0053 | 0.0062 | 0.0074 |
| 80 | 0.0040 | 0.0050 | 0.0060 | 0.0071 | 0.0084 |
| 90 | 0.0045 | 0.0057 | 0.0068 | 0.0079 | 0.0095 |
| 100 | 0.0050 | 0.0063 | 0.0076 | 0.0088 | 0.0105 |
| 110 | 0.0055 | 0.0069 | 0.0083 | 0.0097 | 0.0116 |
| 120 | 0.0060 | 0.0076 | 0.0091 | 0.0106 | 0.0126 |
| 130 | 0.0066 | 0.0082 | 0.0098 | 0.0115 | 0.0137 |
| 140 | 0.0071 | 0.0088 | 0.0106 | 0.0123 | 0.0147 |
| 150 | 0.0076 | 0.0095 | 0.0113 | 0.0132 | 0.0158 |

材长:4.2 m　　　　　　　　　**锯材材积表**　　　　　　　　单位:m³

| 材宽＼材厚 | 12 | 15 | 18 | 21 | 25 |
|---|---|---|---|---|---|
| 160 | 0.0081 | 0.0101 | 0.0121 | 0.0141 | 0.0168 |
| 170 | 0.0086 | 0.0107 | 0.0129 | 0.0150 | 0.0179 |
| 180 | 0.0091 | 0.0113 | 0.0136 | 0.0159 | 0.0189 |
| 190 | 0.0096 | 0.0120 | 0.0144 | 0.0168 | 0.0200 |
| 200 | 0.0101 | 0.0126 | 0.0151 | 0.0176 | 0.0210 |
| 210 | 0.0106 | 0.0132 | 0.0159 | 0.0185 | 0.0221 |
| 220 | 0.0111 | 0.0139 | 0.0166 | 0.0194 | 0.0231 |
| 230 | 0.0116 | 0.0145 | 0.0174 | 0.0203 | 0.0242 |
| 240 | 0.0121 | 0.0151 | 0.0181 | 0.0212 | 0.0252 |
| 250 | 0.0126 | 0.0158 | 0.0189 | 0.0221 | 0.0263 |
| 260 | 0.0131 | 0.0164 | 0.0197 | 0.0229 | 0.0273 |
| 270 | 0.0136 | 0.0170 | 0.0204 | 0.0238 | 0.0284 |
| 280 | 0.0141 | 0.0176 | 0.0212 | 0.0247 | 0.0294 |
| 290 | 0.0146 | 0.0183 | 0.0219 | 0.0256 | 0.0305 |
| 300 | 0.0151 | 0.0189 | 0.0227 | 0.0265 | 0.0315 |

| 材宽 \ 材厚 | 30 | 40 | 50 | 60 | 70 |
|------|------|------|------|------|------|
| 50 | 0.0063 | 0.0084 | 0.0105 | 0.0126 | 0.0147 |
| 60 | 0.0076 | 0.0101 | 0.0126 | 0.0151 | 0.0176 |
| 70 | 0.0088 | 0.0118 | 0.0147 | 0.0176 | 0.0206 |
| 80 | 0.0101 | 0.0134 | 0.0168 | 0.0202 | 0.0235 |
| 90 | 0.0113 | 0.0151 | 0.0189 | 0.0227 | 0.0265 |
| 100 | 0.0126 | 0.0168 | 0.0210 | 0.0252 | 0.0294 |
| 110 | 0.0139 | 0.0185 | 0.0231 | 0.0277 | 0.0323 |
| 120 | 0.0151 | 0.0202 | 0.0252 | 0.0302 | 0.0353 |
| 130 | 0.0164 | 0.0218 | 0.0273 | 0.0328 | 0.0382 |
| 140 | 0.0176 | 0.0235 | 0.0294 | 0.0353 | 0.0412 |
| 150 | 0.0189 | 0.0252 | 0.0315 | 0.0378 | 0.0441 |

材长:4.2m　　　　　　　　　锯材材积表　　　　　　　　单位:m³

| 材宽＼材厚 | 30 | 40 | 50 | 60 | 70 |
|---|---|---|---|---|---|
| 160 | 0.0202 | 0.0269 | 0.0336 | 0.0403 | 0.0470 |
| 170 | 0.0214 | 0.0286 | 0.0357 | 0.0428 | 0.0500 |
| 180 | 0.0227 | 0.0302 | 0.0378 | 0.0454 | 0.0529 |
| 190 | 0.0239 | 0.0319 | 0.0399 | 0.0479 | 0.0559 |
| 200 | 0.0252 | 0.0336 | 0.0420 | 0.0504 | 0.0588 |
| 210 | 0.0265 | 0.0353 | 0.0441 | 0.0529 | 0.0617 |
| 220 | 0.0277 | 0.0370 | 0.0462 | 0.0554 | 0.0647 |
| 230 | 0.0290 | 0.0386 | 0.0483 | 0.0580 | 0.0676 |
| 240 | 0.0302 | 0.0403 | 0.0504 | 0.0605 | 0.0706 |
| 250 | 0.0315 | 0.0420 | 0.0525 | 0.0630 | 0.0735 |
| 260 | 0.0328 | 0.0437 | 0.0546 | 0.0655 | 0.0764 |
| 270 | 0.0340 | 0.0454 | 0.0567 | 0.0680 | 0.0794 |
| 280 | 0.0353 | 0.0470 | 0.0588 | 0.0706 | 0.0823 |
| 290 | 0.0365 | 0.0487 | 0.0609 | 0.0731 | 0.0853 |
| 300 | 0.0378 | 0.0504 | 0.0630 | 0.0756 | 0.0882 |

材长：4.4m　　　　　　　　锯材材积表　　　　　　　　单位：m³

| 材宽＼材厚 | 12 | 15 | 18 | 21 | 25 |
|---|---|---|---|---|---|
| 50 | 0.0026 | 0.0033 | 0.0040 | 0.0046 | 0.0055 |
| 60 | 0.0032 | 0.0040 | 0.0048 | 0.0055 | 0.0066 |
| 70 | 0.0037 | 0.0046 | 0.0055 | 0.0065 | 0.0077 |
| 80 | 0.0042 | 0.0053 | 0.0063 | 0.0074 | 0.0088 |
| 90 | 0.0048 | 0.0059 | 0.0071 | 0.0083 | 0.0099 |
| 100 | 0.0053 | 0.0066 | 0.0079 | 0.0092 | 0.0110 |
| 110 | 0.0058 | 0.0073 | 0.0087 | 0.0102 | 0.0121 |
| 120 | 0.0063 | 0.0079 | 0.0095 | 0.0111 | 0.0132 |
| 130 | 0.0069 | 0.0086 | 0.0103 | 0.0120 | 0.0143 |
| 140 | 0.0074 | 0.0092 | 0.0111 | 0.0129 | 0.0154 |
| 150 | 0.0079 | 0.0099 | 0.0119 | 0.0139 | 0.0165 |

材长:4.4m　　　　　　　　　　锯材材积表　　　　　　　　　单位:m³

| 材宽 ＼ 材厚 | 12 | 15 | 18 | 21 | 25 |
|---|---|---|---|---|---|
| 160 | 0.0084 | 0.0106 | 0.0127 | 0.0148 | 0.0176 |
| 170 | 0.0090 | 0.0112 | 0.0135 | 0.0157 | 0.0187 |
| 180 | 0.0095 | 0.0119 | 0.0143 | 0.0166 | 0.0198 |
| 190 | 0.0100 | 0.0125 | 0.0150 | 0.0176 | 0.0209 |
| 200 | 0.0106 | 0.0132 | 0.0158 | 0.0185 | 0.0220 |
| 210 | 0.0111 | 0.0139 | 0.0166 | 0.0194 | 0.0231 |
| 220 | 0.0116 | 0.0145 | 0.0174 | 0.0203 | 0.0242 |
| 230 | 0.0121 | 0.0152 | 0.0182 | 0.0213 | 0.0253 |
| 240 | 0.0127 | 0.0158 | 0.0190 | 0.0222 | 0.0264 |
| 250 | 0.0132 | 0.0165 | 0.0198 | 0.0231 | 0.0275 |
| 260 | 0.0137 | 0.0172 | 0.0206 | 0.0240 | 0.0286 |
| 270 | 0.0143 | 0.0178 | 0.0214 | 0.0249 | 0.0297 |
| 280 | 0.0148 | 0.0185 | 0.0222 | 0.0259 | 0.0308 |
| 290 | 0.0153 | 0.0191 | 0.0230 | 0.0268 | 0.0319 |
| 300 | 0.0158 | 0.0198 | 0.0238 | 0.0277 | 0.0330 |

材长:4.4m　　　　　　　　锯材材积表　　　　　　　　单位:m³

| 材厚<br>材宽 | 30 | 40 | 50 | 60 | 70 |
|---|---|---|---|---|---|
| 50 | 0.0066 | 0.0088 | 0.0110 | 0.0132 | 0.0154 |
| 60 | 0.0079 | 0.0106 | 0.0132 | 0.0158 | 0.0185 |
| 70 | 0.0092 | 0.0123 | 0.0154 | 0.0185 | 0.0216 |
| 80 | 0.0106 | 0.0141 | 0.0176 | 0.0211 | 0.0246 |
| 90 | 0.0119 | 0.0158 | 0.0198 | 0.0238 | 0.0277 |
| 100 | 0.0132 | 0.0176 | 0.0220 | 0.0264 | 0.0308 |
| 110 | 0.0145 | 0.0194 | 0.0242 | 0.0290 | 0.0339 |
| 120 | 0.0158 | 0.0211 | 0.0264 | 0.0317 | 0.0370 |
| 130 | 0.0172 | 0.0229 | 0.0286 | 0.0343 | 0.0400 |
| 140 | 0.0185 | 0.0246 | 0.0308 | 0.0370 | 0.0431 |
| 150 | 0.0198 | 0.0264 | 0.0330 | 0.0396 | 0.0462 |

材长:4.4m　　　　　　　锯材材积表　　　　　　单位:m³

| 材宽 \ 材厚 | 30 | 40 | 50 | 60 | 70 |
|---|---|---|---|---|---|
| 160 | 0.0211 | 0.0282 | 0.0352 | 0.0422 | 0.0493 |
| 170 | 0.0224 | 0.0299 | 0.0374 | 0.0475 | 0.0524 |
| 180 | 0.0238 | 0.0317 | 0.0396 | 0.0475 | 0.0554 |
| 190 | 0.0251 | 0.0334 | 0.0418 | 0.0502 | 0.0585 |
| 200 | 0.0264 | 0.0352 | 0.0440 | 0.0528 | 0.0616 |
| 210 | 0.0277 | 0.0370 | 0.0462 | 0.0554 | 0.0647 |
| 220 | 0.0290 | 0.0387 | 0.0484 | 0.0581 | 0.0678 |
| 230 | 0.0304 | 0.0405 | 0.0506 | 0.0607 | 0.0708 |
| 240 | 0.0317 | 0.0422 | 0.0528 | 0.0634 | 0.0739 |
| 250 | 0.0330 | 0.0440 | 0.0550 | 0.0660 | 0.0770 |
| 260 | 0.0343 | 0.0458 | 0.0572 | 0.0686 | 0.0801 |
| 270 | 0.0356 | 0.0475 | 0.0594 | 0.0713 | 0.0832 |
| 280 | 0.0370 | 0.0493 | 0.0616 | 0.0739 | 0.0862 |
| 290 | 0.0383 | 0.0510 | 0.0638 | 0.0766 | 0.0893 |
| 300 | 0.0396 | 0.0528 | 0.0660 | 0.0792 | 0.0924 |

| 材长:4.6m | | 锯材材积表 | | 单位:m³ | |
|---|---|---|---|---|---|
| 材厚<br>材宽 | 12 | 15 | 18 | 21 | 25 |
| 50 | 0.0028 | 0.0035 | 0.0041 | 0.0048 | 0.0058 |
| 60 | 0.0033 | 0.0041 | 0.0050 | 0.0058 | 0.0069 |
| 70 | 0.0039 | 0.0048 | 0.0058 | 0.0068 | 0.0081 |
| 80 | 0.0044 | 0.0055 | 0.0066 | 0.0077 | 0.0092 |
| 90 | 0.0050 | 0.0062 | 0.0075 | 0.0087 | 0.0104 |
| 100 | 0.0055 | 0.0069 | 0.0083 | 0.0097 | 0.0115 |
| 110 | 0.0061 | 0.0076 | 0.0091 | 0.0106 | 0.0127 |
| 120 | 0.0066 | 0.0083 | 0.0099 | 0.0116 | 0.0138 |
| 130 | 0.0072 | 0.0090 | 0.0108 | 0.0126 | 0.0150 |
| 140 | 0.0077 | 0.0097 | 0.0116 | 0.0135 | 0.0161 |
| 150 | 0.0083 | 0.0104 | 0.0124 | 0.0145 | 0.0173 |

| 材宽＼材厚 | 12 | 15 | 18 | 21 | 25 |
|---|---|---|---|---|---|
| 160 | 0.0088 | 0.0110 | 0.0132 | 0.0155 | 0.0184 |
| 170 | 0.0094 | 0.0117 | 0.0141 | 0.0164 | 0.0196 |
| 180 | 0.0099 | 0.0124 | 0.0149 | 0.0174 | 0.0207 |
| 190 | 0.0105 | 0.0131 | 0.0157 | 0.0184 | 0.0219 |
| 200 | 0.0110 | 0.0138 | 0.0166 | 0.0193 | 0.0230 |
| 210 | 0.0116 | 0.0145 | 0.0174 | 0.0203 | 0.0242 |
| 220 | 0.0121 | 0.0152 | 0.0182 | 0.0213 | 0.0253 |
| 230 | 0.0127 | 0.0159 | 0.0190 | 0.0222 | 0.0265 |
| 240 | 0.0132 | 0.0166 | 0.0199 | 0.0232 | 0.0276 |
| 250 | 0.0138 | 0.0173 | 0.0207 | 0.0242 | 0.0288 |
| 260 | 0.0144 | 0.0179 | 0.0215 | 0.0251 | 0.0299 |
| 270 | 0.0149 | 0.0186 | 0.0224 | 0.0261 | 0.0311 |
| 280 | 0.0155 | 0.0193 | 0.0232 | 0.0270 | 0.0322 |
| 290 | 0.0160 | 0.0200 | 0.0240 | 0.0280 | 0.0334 |
| 300 | 0.0166 | 0.0207 | 0.0248 | 0.0290 | 0.0345 |

| 材宽＼材厚 | 30 | 40 | 50 | 60 | 70 |
|---|---|---|---|---|---|
| 材长:4.6m | | 锯材材积表 | | | 单位:m³ |
| 50 | 0.0069 | 0.0092 | 0.0115 | 0.0138 | 0.0160 |
| 60 | 0.0083 | 0.0110 | 0.0138 | 0.0166 | 0.0193 |
| 70 | 0.0097 | 0.0129 | 0.0161 | 0.0193 | 0.0225 |
| 80 | 0.0110 | 0.0147 | 0.0184 | 0.0221 | 0.0258 |
| 90 | 0.0124 | 0.0166 | 0.0207 | 0.0248 | 0.0290 |
| 100 | 0.0138 | 0.0184 | 0.0230 | 0.0276 | 0.0322 |
| 110 | 0.0152 | 0.0202 | 0.0253 | 0.0304 | 0.0354 |
| 120 | 0.0166 | 0.0221 | 0.0276 | 0.0331 | 0.0386 |
| 130 | 0.0179 | 0.0239 | 0.0299 | 0.0359 | 0.0419 |
| 140 | 0.0193 | 0.0258 | 0.0322 | 0.0386 | 0.0451 |
| 150 | 0.0207 | 0.0276 | 0.0345 | 0.0414 | 0.0483 |

材长:4.6m　　　　　　　　锯材材积表　　　　　　　　单位:m³

| 材厚<br>材宽 | 30 | 40 | 50 | 60 | 70 |
|---|---|---|---|---|---|
| 160 | 0.0221 | 0.0294 | 0.0368 | 0.0442 | 0.0515 |
| 170 | 0.0235 | 0.0313 | 0.0391 | 0.0469 | 0.0547 |
| 180 | 0.0248 | 0.0331 | 0.0414 | 0.0497 | 0.0580 |
| 190 | 0.0262 | 0.0350 | 0.0437 | 0.0524 | 0.0612 |
| 200 | 0.0276 | 0.0368 | 0.0460 | 0.0552 | 0.0644 |
| 210 | 0.0290 | 0.0386 | 0.0483 | 0.0580 | 0.0676 |
| 220 | 0.0304 | 0.0405 | 0.0506 | 0.0607 | 0.0708 |
| 230 | 0.0317 | 0.0423 | 0.0529 | 0.0635 | 0.0741 |
| 240 | 0.0331 | 0.0442 | 0.0552 | 0.0662 | 0.0773 |
| 250 | 0.0345 | 0.0460 | 0.0575 | 0.0690 | 0.0805 |
| 260 | 0.0359 | 0.0478 | 0.0598 | 0.0718 | 0.0837 |
| 270 | 0.0373 | 0.0497 | 0.0621 | 0.0745 | 0.0869 |
| 280 | 0.0386 | 0.0515 | 0.0644 | 0.0773 | 0.0902 |
| 290 | 0.0400 | 0.0534 | 0.0667 | 0.0800 | 0.0934 |
| 300 | 0.0414 | 0.0552 | 0.0690 | 0.0828 | 0.0960 |

材长:4.8m　　　　　　　　　锯材材积表　　　　　　　　单位:m³

| 材厚<br>材宽 | 12 | 15 | 18 | 21 | 25 |
|---|---|---|---|---|---|
| 50 | 0.0029 | 0.0036 | 0.0043 | 0.0050 | 0.0060 |
| 60 | 0.0035 | 0.0043 | 0.0052 | 0.0060 | 0.0072 |
| 70 | 0.0040 | 0.0050 | 0.0060 | 0.0071 | 0.0084 |
| 80 | 0.0046 | 0.0058 | 0.0069 | 0.0081 | 0.0096 |
| 90 | 0.0052 | 0.0065 | 0.0078 | 0.0091 | 0.0108 |
| 100 | 0.0058 | 0.0072 | 0.0086 | 0.0101 | 0.0120 |
| 110 | 0.0063 | 0.0079 | 0.0095 | 0.0111 | 0.0132 |
| 120 | 0.0069 | 0.0086 | 0.0104 | 0.0121 | 0.0144 |
| 130 | 0.0075 | 0.0094 | 0.0112 | 0.0131 | 0.0156 |
| 140 | 0.0081 | 0.0101 | 0.0121 | 0.0141 | 0.0168 |
| 150 | 0.0086 | 0.0108 | 0.0130 | 0.0151 | 0.0180 |

材长:4.8m　　　　　　　　　　锯材材积表　　　　　　　　　单位:m³

| 材厚 材宽 | 12 | 15 | 18 | 21 | 25 |
|---|---|---|---|---|---|
| 160 | 0.0092 | 0.0115 | 0.0138 | 0.0161 | 0.0192 |
| 170 | 0.0098 | 0.0122 | 0.0147 | 0.0171 | 0.0204 |
| 180 | 0.0104 | 0.0130 | 0.0156 | 0.0181 | 0.0216 |
| 190 | 0.0109 | 0.0137 | 0.0164 | 0.0192 | 0.0228 |
| 200 | 0.0115 | 0.0144 | 0.0173 | 0.0202 | 0.0240 |
| 210 | 0.0121 | 0.0151 | 0.0181 | 0.0212 | 0.0252 |
| 220 | 0.0127 | 0.0158 | 0.0190 | 0.0222 | 0.0264 |
| 230 | 0.0132 | 0.0166 | 0.0199 | 0.0232 | 0.0276 |
| 240 | 0.0138 | 0.0173 | 0.0207 | 0.0242 | 0.0288 |
| 250 | 0.0144 | 0.0180 | 0.0216 | 0.0252 | 0.0300 |
| 260 | 0.0150 | 0.0187 | 0.0225 | 0.0262 | 0.0312 |
| 270 | 0.0156 | 0.0194 | 0.0233 | 0.0272 | 0.0324 |
| 280 | 0.0161 | 0.0202 | 0.0242 | 0.0282 | 0.0336 |
| 290 | 0.0167 | 0.0209 | 0.0251 | 0.0292 | 0.0348 |
| 300 | 0.0173 | 0.0216 | 0.0259 | 0.0302 | 0.0360 |

　　　　　　　　　**锯材材积表**　　　　　　　　　

| 材宽＼材厚 | 30 | 40 | 50 | 60 | 70 |
|---|---|---|---|---|---|
| 50 | 0.0072 | 0.0096 | 0.0120 | 0.0144 | 0.0168 |
| 60 | 0.0086 | 0.0115 | 0.0144 | 0.0173 | 0.0202 |
| 70 | 0.0101 | 0.0134 | 0.0168 | 0.0202 | 0.0235 |
| 80 | 0.0115 | 0.0154 | 0.0192 | 0.0230 | 0.0269 |
| 90 | 0.0130 | 0.0173 | 0.0216 | 0.0259 | 0.0302 |
| 100 | 0.0144 | 0.0192 | 0.0240 | 0.0288 | 0.0336 |
| 110 | 0.0158 | 0.0211 | 0.0264 | 0.0317 | 0.0370 |
| 120 | 0.0173 | 0.0230 | 0.0288 | 0.0346 | 0.0403 |
| 130 | 0.0187 | 0.0250 | 0.0312 | 0.0374 | 0.0437 |
| 140 | 0.0202 | 0.0269 | 0.0336 | 0.0403 | 0.0470 |
| 150 | 0.0216 | 0.0288 | 0.0360 | 0.0432 | 0.0504 |

材长:4.8m　　　　　　　　锯材材积表　　　　　　　　单位:m³

| 材宽＼材厚 | 30 | 40 | 50 | 60 | 70 |
|---|---|---|---|---|---|
| 160 | 0.0230 | 0.0307 | 0.0384 | 0.0461 | 0.0538 |
| 170 | 0.0245 | 0.0326 | 0.0408 | 0.0490 | 0.0571 |
| 180 | 0.0259 | 0.0346 | 0.0432 | 0.0518 | 0.0605 |
| 190 | 0.0274 | 0.0365 | 0.0456 | 0.0547 | 0.0638 |
| 200 | 0.0288 | 0.0384 | 0.0480 | 0.0576 | 0.0672 |
| 210 | 0.0302 | 0.0403 | 0.0504 | 0.0605 | 0.0706 |
| 220 | 0.0317 | 0.0422 | 0.0528 | 0.0634 | 0.0739 |
| 230 | 0.0331 | 0.0442 | 0.0552 | 0.0662 | 0.0773 |
| 240 | 0.0346 | 0.0461 | 0.0576 | 0.0691 | 0.0806 |
| 250 | 0.0360 | 0.0480 | 0.0600 | 0.0720 | 0.0840 |
| 260 | 0.0374 | 0.0499 | 0.0624 | 0.0749 | 0.0874 |
| 270 | 0.0389 | 0.0518 | 0.0648 | 0.0778 | 0.0907 |
| 280 | 0.0403 | 0.0538 | 0.0672 | 0.0806 | 0.0941 |
| 290 | 0.0418 | 0.0557 | 0.0696 | 0.0835 | 0.0974 |
| 300 | 0.0432 | 0.0576 | 0.0720 | 0.0864 | 0.1008 |

| 材长:5.0m | 锯材材积表 | | | 单位:m³ | |
|---|---|---|---|---|---|
| 材厚<br>材宽 | 12 | 15 | 18 | 21 | 25 |
| 50 | 0.0030 | 0.0038 | 0.0045 | 0.0053 | 0.0063 |
| 60 | 0.0036 | 0.0045 | 0.0054 | 0.0063 | 0.0075 |
| 70 | 0.0042 | 0.0053 | 0.0063 | 0.0074 | 0.0088 |
| 80 | 0.0048 | 0.0060 | 0.0072 | 0.0084 | 0.0100 |
| 90 | 0.0054 | 0.0068 | 0.0081 | 0.0095 | 0.0113 |
| 100 | 0.0060 | 0.0075 | 0.0090 | 0.0105 | 0.0125 |
| 110 | 0.0066 | 0.0083 | 0.0099 | 0.0116 | 0.0138 |
| 120 | 0.0072 | 0.0090 | 0.0108 | 0.0126 | 0.0150 |
| 130 | 0.0078 | 0.0098 | 0.0117 | 0.0137 | 0.0163 |
| 140 | 0.0084 | 0.0105 | 0.0126 | 0.0147 | 0.0175 |
| 150 | 0.0090 | 0.0113 | 0.0135 | 0.0158 | 0.0188 |

材长：5.0m　　　　　　　　　**锯材材积表**　　　　　　　　　单位：m³

| 材厚 材宽 | 12 | 15 | 18 | 21 | 25 |
|---|---|---|---|---|---|
| 160 | 0.0096 | 0.0120 | 0.0144 | 0.0168 | 0.0200 |
| 170 | 0.0102 | 0.0128 | 0.0153 | 0.0179 | 0.0213 |
| 180 | 0.0108 | 0.0135 | 0.0162 | 0.0189 | 0.0225 |
| 190 | 0.0114 | 0.0143 | 0.0171 | 0.0200 | 0.0238 |
| 200 | 0.0120 | 0.0150 | 0.0180 | 0.0210 | 0.0250 |
| 210 | 0.0126 | 0.0158 | 0.0189 | 0.0221 | 0.0263 |
| 220 | 0.0132 | 0.0165 | 0.0198 | 0.0231 | 0.0275 |
| 230 | 0.0138 | 0.0173 | 0.0207 | 0.0242 | 0.0288 |
| 240 | 0.0144 | 0.0180 | 0.0216 | 0.0252 | 0.0300 |
| 250 | 0.0150 | 0.0188 | 0.0225 | 0.0263 | 0.0313 |
| 260 | 0.0156 | 0.0195 | 0.0234 | 0.0273 | 0.0325 |
| 270 | 0.0162 | 0.0203 | 0.0243 | 0.0284 | 0.0338 |
| 280 | 0.0168 | 0.0210 | 0.0252 | 0.0294 | 0.0350 |
| 290 | 0.0174 | 0.0218 | 0.0261 | 0.0305 | 0.0363 |
| 300 | 0.0180 | 0.0225 | 0.0270 | 0.0315 | 0.0375 |

**锯材材积表**

| 材宽 \ 材厚 | 30 | 40 | 50 | 60 | 70 |
|---|---|---|---|---|---|
| 50 | 0.0075 | 0.0100 | 0.0125 | 0.0150 | 0.0175 |
| 60 | 0.0090 | 0.0120 | 0.0150 | 0.0180 | 0.0210 |
| 70 | 0.0105 | 0.0140 | 0.0175 | 0.0210 | 0.0245 |
| 80 | 0.0120 | 0.0160 | 0.0200 | 0.0240 | 0.0280 |
| 90 | 0.0135 | 0.0180 | 0.0225 | 0.0270 | 0.0315 |
| 100 | 0.0150 | 0.0200 | 0.0250 | 0.0300 | 0.0350 |
| 110 | 0.0165 | 0.0220 | 0.0275 | 0.0330 | 0.0385 |
| 120 | 0.0180 | 0.0240 | 0.0300 | 0.0360 | 0.0420 |
| 130 | 0.0195 | 0.0260 | 0.0325 | 0.0390 | 0.0455 |
| 140 | 0.0210 | 0.0280 | 0.0350 | 0.0420 | 0.0490 |
| 150 | 0.0225 | 0.0300 | 0.0375 | 0.0450 | 0.0525 |

材长：5.0m　　　　　　　　　锯材材积表　　　　　　　　单位：m³

| 材宽 \ 材厚 | 30 | 40 | 50 | 60 | 70 |
|---|---|---|---|---|---|
| 160 | 0.0240 | 0.0320 | 0.0400 | 0.0480 | 0.0560 |
| 170 | 0.0255 | 0.0340 | 0.0425 | 0.0510 | 0.0595 |
| 180 | 0.0270 | 0.0360 | 0.0450 | 0.0540 | 0.0648 |
| 190 | 0.0285 | 0.0380 | 0.0475 | 0.0570 | 0.0665 |
| 200 | 0.0300 | 0.0400 | 0.0500 | 0.0600 | 0.0700 |
| 210 | 0.0315 | 0.0420 | 0.0525 | 0.0630 | 0.0735 |
| 220 | 0.0330 | 0.0440 | 0.0550 | 0.0660 | 0.0770 |
| 230 | 0.0345 | 0.0460 | 0.0575 | 0.0690 | 0.0805 |
| 240 | 0.0360 | 0.0480 | 0.0600 | 0.0720 | 0.0840 |
| 250 | 0.0375 | 0.0500 | 0.0625 | 0.0750 | 0.0875 |
| 260 | 0.0390 | 0.0520 | 0.0650 | 0.0780 | 0.0910 |
| 270 | 0.0405 | 0.0540 | 0.0675 | 0.0810 | 0.0945 |
| 280 | 0.0420 | 0.0560 | 0.0700 | 0.0840 | 0.0980 |
| 290 | 0.0435 | 0.0580 | 0.0725 | 0.0870 | 0.1015 |
| 300 | 0.0450 | 0.0600 | 0.0750 | 0.0900 | 0.1050 |

材长:5.2m　　　　　　　　**锯材材积表**　　　　　　　单位:m³

| 材厚　材宽 | 12 | 15 | 18 | 21 | 25 |
|---|---|---|---|---|---|
| 50 | 0.0031 | 0.0039 | 0.0047 | 0.0055 | 0.0065 |
| 60 | 0.0037 | 0.0047 | 0.0056 | 0.0066 | 0.0078 |
| 70 | 0.0044 | 0.0055 | 0.0066 | 0.0076 | 0.0091 |
| 80 | 0.0050 | 0.0062 | 0.0075 | 0.0087 | 0.0104 |
| 90 | 0.0056 | 0.0070 | 0.0084 | 0.0098 | 0.0117 |
| 100 | 0.0062 | 0.0078 | 0.0094 | 0.0109 | 0.0130 |
| 110 | 0.0069 | 0.0086 | 0.0103 | 0.0120 | 0.0143 |
| 120 | 0.0075 | 0.0094 | 0.0112 | 0.0131 | 0.0156 |
| 130 | 0.0081 | 0.0101 | 0.0122 | 0.0142 | 0.0169 |
| 140 | 0.0087 | 0.0109 | 0.0131 | 0.0153 | 0.0182 |
| 150 | 0.0094 | 0.0117 | 0.0140 | 0.0164 | 0.0195 |

材长:5.2m　　　　　　　　**锯材材积表**　　　　　　　　单位:m³

| 材厚<br>材宽 | 12 | 15 | 18 | 21 | 25 |
|---|---|---|---|---|---|
| 160 | 0.0100 | 0.0125 | 0.0150 | 0.0175 | 0.0208 |
| 170 | 0.0106 | 0.0133 | 0.0159 | 0.0186 | 0.0221 |
| 180 | 0.0112 | 0.0140 | 0.0168 | 0.0197 | 0.0234 |
| 190 | 0.0119 | 0.0148 | 0.0178 | 0.0207 | 0.0247 |
| 200 | 0.0125 | 0.0156 | 0.0187 | 0.0218 | 0.0260 |
| 210 | 0.0131 | 0.0164 | 0.0197 | 0.0229 | 0.0273 |
| 220 | 0.0137 | 0.0172 | 0.0206 | 0.0240 | 0.0286 |
| 230 | 0.0144 | 0.0179 | 0.0215 | 0.0251 | 0.0299 |
| 240 | 0.0150 | 0.0187 | 0.0225 | 0.0262 | 0.0312 |
| 250 | 0.0156 | 0.0195 | 0.0234 | 0.0273 | 0.0325 |
| 260 | 0.0162 | 0.0203 | 0.0243 | 0.0284 | 0.0338 |
| 270 | 0.0168 | 0.0211 | 0.0253 | 0.0295 | 0.0351 |
| 280 | 0.0175 | 0.0218 | 0.0262 | 0.0306 | 0.0364 |
| 290 | 0.0181 | 0.0226 | 0.0271 | 0.0317 | 0.0377 |
| 300 | 0.0187 | 0.0234 | 0.0218 | 0.0328 | 0.0390 |

材长:5.2m　　　　　　　　　　　**锯材材积表**　　　　　　　　　　单位:m³

| 材厚<br>材宽 | 30 | 40 | 50 | 60 | 70 |
|---|---|---|---|---|---|
| 50 | 0.0078 | 0.0104 | 0.0130 | 0.0156 | 0.0182 |
| 60 | 0.0094 | 0.0125 | 0.0156 | 0.0187 | 0.0218 |
| 70 | 0.0109 | 0.0146 | 0.0182 | 0.0218 | 0.0255 |
| 80 | 0.0125 | 0.0166 | 0.0208 | 0.0250 | 0.0291 |
| 90 | 0.0140 | 0.0187 | 0.0234 | 0.0281 | 0.0328 |
| 100 | 0.0156 | 0.0208 | 0.0260 | 0.0312 | 0.0364 |
| 110 | 0.0172 | 0.0229 | 0.0286 | 0.0343 | 0.0400 |
| 120 | 0.0187 | 0.0250 | 0.0312 | 0.0374 | 0.0437 |
| 130 | 0.0203 | 0.0270 | 0.0338 | 0.0406 | 0.0473 |
| 140 | 0.0218 | 0.0291 | 0.0364 | 0.0437 | 0.0510 |
| 150 | 0.0234 | 0.0312 | 0.0390 | 0.0468 | 0.0546 |

材长:5.2m　　　　　　　　　锯材材积表　　　　　　　　　单位:m³

| 材宽 \ 材厚 | 30 | 40 | 50 | 60 | 70 |
|---|---|---|---|---|---|
| 160 | 0.0250 | 0.0333 | 0.0416 | 0.0499 | 0.0582 |
| 170 | 0.0265 | 0.0354 | 0.0442 | 0.0530 | 0.0619 |
| 180 | 0.0281 | 0.0374 | 0.0468 | 0.0562 | 0.0655 |
| 190 | 0.0296 | 0.0395 | 0.0494 | 0.0593 | 0.0692 |
| 200 | 0.0312 | 0.0416 | 0.0520 | 0.0624 | 0.0728 |
| 210 | 0.0328 | 0.0437 | 0.0546 | 0.0655 | 0.0764 |
| 220 | 0.0343 | 0.0458 | 0.0572 | 0.0686 | 0.0801 |
| 230 | 0.0359 | 0.0478 | 0.0598 | 0.0718 | 0.0837 |
| 240 | 0.0374 | 0.0499 | 0.0624 | 0.0749 | 0.0874 |
| 250 | 0.0390 | 0.0520 | 0.0650 | 0.0780 | 0.0910 |
| 260 | 0.0406 | 0.0541 | 0.0676 | 0.0811 | 0.0946 |
| 270 | 0.0421 | 0.0562 | 0.0702 | 0.0842 | 0.0983 |
| 280 | 0.0437 | 0.0582 | 0.0728 | 0.0874 | 0.1019 |
| 290 | 0.0452 | 0.0603 | 0.0754 | 0.0905 | 0.1056 |
| 300 | 0.0468 | 0.0624 | 0.0780 | 0.0936 | 0.1092 |

材长:5.4 m　　　　　　　　锯材材积表　　　　　　　单位:m³

| 材宽＼材厚 | 12 | 15 | 18 | 21 | 25 |
|---|---|---|---|---|---|
| 50 | 0.0032 | 0.0041 | 0.0049 | 0.0057 | 0.0068 |
| 60 | 0.0039 | 0.0049 | 0.0058 | 0.0068 | 0.0081 |
| 70 | 0.0045 | 0.0057 | 0.0068 | 0.0079 | 0.0095 |
| 80 | 0.0052 | 0.0065 | 0.0078 | 0.0091 | 0.0108 |
| 90 | 0.0058 | 0.0073 | 0.0087 | 0.0102 | 0.0122 |
| 100 | 0.0065 | 0.0081 | 0.0097 | 0.0113 | 0.0135 |
| 110 | 0.0071 | 0.0089 | 0.0107 | 0.0125 | 0.0149 |
| 120 | 0.0078 | 0.0097 | 0.0117 | 0.0136 | 0.0162 |
| 130 | 0.0084 | 0.0105 | 0.0126 | 0.0147 | 0.0176 |
| 140 | 0.0091 | 0.0113 | 0.0136 | 0.0159 | 0.0189 |
| 150 | 0.0097 | 0.0122 | 0.0146 | 0.0170 | 0.0203 |

材长:5.4m　　　　　　　　　　锯材材积表　　　　　　　　单位:m³

| 材宽 / 材厚 | 12 | 15 | 18 | 21 | 25 |
|---|---|---|---|---|---|
| 160 | 0.0104 | 0.0130 | 0.0156 | 0.0181 | 0.0216 |
| 170 | 0.0110 | 0.0138 | 0.0165 | 0.0193 | 0.0230 |
| 180 | 0.0117 | 0.0146 | 0.0175 | 0.0204 | 0.0243 |
| 190 | 0.0123 | 0.0154 | 0.0185 | 0.0215 | 0.0257 |
| 200 | 0.0130 | 0.0162 | 0.0194 | 0.0227 | 0.0270 |
| 210 | 0.0136 | 0.0170 | 0.0204 | 0.0238 | 0.0284 |
| 220 | 0.0143 | 0.0178 | 0.0214 | 0.0249 | 0.0297 |
| 230 | 0.0149 | 0.0186 | 0.0224 | 0.0261 | 0.0311 |
| 240 | 0.0156 | 0.0194 | 0.0233 | 0.0272 | 0.0324 |
| 250 | 0.0162 | 0.0203 | 0.0243 | 0.0284 | 0.0338 |
| 260 | 0.0168 | 0.0211 | 0.0253 | 0.0295 | 0.0351 |
| 270 | 0.0175 | 0.0219 | 0.0262 | 0.0306 | 0.0365 |
| 280 | 0.0181 | 0.0227 | 0.0272 | 0.0318 | 0.0378 |
| 290 | 0.0188 | 0.0235 | 0.0282 | 0.0329 | 0.0392 |
| 300 | 0.0194 | 0.0243 | 0.0292 | 0.0340 | 0.0405 |

材长:5.4 m　　　　　　锯材材积表　　　　　　单位:m³

| 材宽＼材厚 | 30 | 40 | 50 | 60 | 70 |
|---|---|---|---|---|---|
| 50 | 0.0081 | 0.0108 | 0.0135 | 0.0162 | 0.0189 |
| 60 | 0.0097 | 0.0130 | 0.0162 | 0.0194 | 0.0227 |
| 70 | 0.0113 | 0.0151 | 0.0189 | 0.0227 | 0.0265 |
| 80 | 0.0130 | 0.0173 | 0.0216 | 0.0259 | 0.0302 |
| 90 | 0.0146 | 0.0194 | 0.0243 | 0.0292 | 0.0340 |
| 100 | 0.0162 | 0.0216 | 0.0270 | 0.0324 | 0.0378 |
| 110 | 0.0178 | 0.0238 | 0.0297 | 0.0356 | 0.0416 |
| 120 | 0.0194 | 0.0259 | 0.0324 | 0.0389 | 0.0454 |
| 130 | 0.0211 | 0.0281 | 0.0351 | 0.0421 | 0.0491 |
| 140 | 0.0227 | 0.0302 | 0.0378 | 0.0454 | 0.0529 |
| 150 | 0.0243 | 0.0324 | 0.0405 | 0.0486 | 0.0567 |

| 材长:5.4 m | 锯材材积表 | | | | 单位:m³ |
|---|---|---|---|---|---|
| 材宽　材厚 | 30 | 40 | 50 | 60 | 70 |
| 160 | 0.0259 | 0.0346 | 0.0432 | 0.0518 | 0.0605 |
| 170 | 0.0275 | 0.0367 | 0.0459 | 0.0551 | 0.0643 |
| 180 | 0.0292 | 0.0389 | 0.0486 | 0.0583 | 0.0680 |
| 190 | 0.0308 | 0.0410 | 0.0513 | 0.0616 | 0.0718 |
| 200 | 0.0324 | 0.0432 | 0.0540 | 0.0648 | 0.0756 |
| 210 | 0.0340 | 0.0454 | 0.0567 | 0.0680 | 0.0794 |
| 220 | 0.0356 | 0.0475 | 0.0594 | 0.0713 | 0.0832 |
| 230 | 0.0373 | 0.0497 | 0.0621 | 0.0745 | 0.0869 |
| 240 | 0.0389 | 0.0518 | 0.0648 | 0.0778 | 0.0907 |
| 250 | 0.0405 | 0.0540 | 0.0675 | 0.0810 | 0.0945 |
| 260 | 0.0421 | 0.0562 | 0.0702 | 0.0842 | 0.0983 |
| 270 | 0.0437 | 0.0583 | 0.0729 | 0.0875 | 0.1021 |
| 280 | 0.0454 | 0.0605 | 0.0756 | 0.0907 | 0.1058 |
| 290 | 0.0470 | 0.0626 | 0.0783 | 0.0940 | 0.1096 |
| 300 | 0.0486 | 0.0648 | 0.0810 | 0.0972 | 0.1134 |

材长:5.6m　　　　　　　　锯材材积表　　　　　　　　单位:m³

| 材宽 \ 材厚 | 12 | 15 | 18 | 21 | 25 |
|---|---|---|---|---|---|
| 50 | 0.0034 | 0.0042 | 0.0050 | 0.0059 | 0.0070 |
| 60 | 0.0040 | 0.0050 | 0.0060 | 0.0071 | 0.0084 |
| 70 | 0.0047 | 0.0059 | 0.0071 | 0.0082 | 0.0098 |
| 80 | 0.0054 | 0.0067 | 0.0081 | 0.0094 | 0.0112 |
| 90 | 0.0060 | 0.0076 | 0.0091 | 0.0106 | 0.0126 |
| 100 | 0.0067 | 0.0084 | 0.0101 | 0.0118 | 0.0140 |
| 110 | 0.0074 | 0.0092 | 0.0111 | 0.0129 | 0.0154 |
| 120 | 0.0081 | 0.0101 | 0.0121 | 0.0141 | 0.0168 |
| 130 | 0.0087 | 0.0109 | 0.0131 | 0.0153 | 0.0182 |
| 140 | 0.0094 | 0.0118 | 0.0141 | 0.0165 | 0.0196 |
| 150 | 0.0101 | 0.0126 | 0.0151 | 0.0176 | 0.0210 |

| 材长:5.6 m | | 锯材材积表 | | | 单位:m³ |
|---|---|---|---|---|---|
| 材厚<br>材宽 | 12 | 15 | 18 | 21 | 25 |
| 160 | 0.0108 | 0.0134 | 0.0161 | 0.0188 | 0.0224 |
| 170 | 0.0114 | 0.0143 | 0.0171 | 0.0200 | 0.0238 |
| 180 | 0.0121 | 0.0151 | 0.0181 | 0.0212 | 0.0252 |
| 190 | 0.0128 | 0.0160 | 0.0192 | 0.0223 | 0.0266 |
| 200 | 0.0134 | 0.0168 | 0.0202 | 0.0235 | 0.0280 |
| 210 | 0.0141 | 0.0176 | 0.0212 | 0.0247 | 0.0294 |
| 220 | 0.0148 | 0.0185 | 0.0222 | 0.0259 | 0.0308 |
| 230 | 0.0155 | 0.0193 | 0.0232 | 0.0270 | 0.0322 |
| 240 | 0.0161 | 0.0202 | 0.0242 | 0.0282 | 0.0336 |
| 250 | 0.0168 | 0.0210 | 0.0252 | 0.0294 | 0.0350 |
| 260 | 0.0175 | 0.0218 | 0.0262 | 0.0306 | 0.0364 |
| 270 | 0.0181 | 0.0227 | 0.0272 | 0.0318 | 0.0378 |
| 280 | 0.0188 | 0.0235 | 0.0282 | 0.0329 | 0.0392 |
| 290 | 0.0195 | 0.0244 | 0.0292 | 0.0341 | 0.0406 |
| 300 | 0.0202 | 0.0252 | 0.0302 | 0.0353 | 0.0420 |

| 材长:5.6 m | | 锯材材积表 | | | 单位:m³ |
| --- | --- | --- | --- | --- | --- |
| 材厚<br>材宽 | 30 | 40 | 50 | 60 | 70 |
| 50 | 0.0084 | 0.0112 | 0.0140 | 0.0168 | 0.0196 |
| 60 | 0.0101 | 0.0134 | 0.0168 | 0.0202 | 0.0235 |
| 70 | 0.0118 | 0.0157 | 0.0196 | 0.0235 | 0.0274 |
| 80 | 0.0134 | 0.0179 | 0.0224 | 0.0269 | 0.0314 |
| 90 | 0.0151 | 0.0202 | 0.0252 | 0.0302 | 0.0353 |
| 100 | 0.0168 | 0.0224 | 0.0280 | 0.0336 | 0.0392 |
| 110 | 0.0185 | 0.0246 | 0.0308 | 0.0370 | 0.0431 |
| 120 | 0.0202 | 0.0269 | 0.0336 | 0.0403 | 0.0470 |
| 130 | 0.0218 | 0.0291 | 0.0364 | 0.0437 | 0.0510 |
| 140 | 0.0235 | 0.0314 | 0.0392 | 0.0470 | 0.0549 |
| 150 | 0.0252 | 0.0336 | 0.0420 | 0.0504 | 0.0588 |

材长:5.6m　　　　　　　　锯材材积表　　　　　　　　单位:m³

| 材宽＼材厚 | 30 | 40 | 50 | 60 | 70 |
|---|---|---|---|---|---|
| 160 | 0.0269 | 0.0358 | 0.0448 | 0.0538 | 0.0627 |
| 170 | 0.0286 | 0.0381 | 0.0476 | 0.0571 | 0.0666 |
| 180 | 0.0302 | 0.0403 | 0.0504 | 0.0605 | 0.0706 |
| 190 | 0.0319 | 0.0426 | 0.0532 | 0.0638 | 0.0745 |
| 200 | 0.0336 | 0.0448 | 0.0560 | 0.0672 | 0.0784 |
| 210 | 0.0353 | 0.0470 | 0.0588 | 0.0706 | 0.0823 |
| 220 | 0.0370 | 0.0493 | 0.0616 | 0.0739 | 0.0862 |
| 230 | 0.0386 | 0.0515 | 0.0644 | 0.0773 | 0.0902 |
| 240 | 0.0403 | 0.0538 | 0.0672 | 0.0806 | 0.0941 |
| 250 | 0.0420 | 0.0560 | 0.0700 | 0.0840 | 0.0980 |
| 260 | 0.0437 | 0.0582 | 0.0728 | 0.0874 | 0.1019 |
| 270 | 0.0454 | 0.0605 | 0.0756 | 0.0907 | 0.1058 |
| 280 | 0.0470 | 0.0627 | 0.0784 | 0.0941 | 0.1098 |
| 290 | 0.0487 | 0.0650 | 0.0812 | 0.0974 | 0.1137 |
| 300 | 0.0504 | 0.0672 | 0.0840 | 0.1008 | 0.1176 |

材长:5.8m　　　　　　　　　锯材材积表　　　　　　　　　单位:m³

| 材宽＼材厚 | 12 | 15 | 18 | 21 | 25 |
|---|---|---|---|---|---|
| 50 | 0.0035 | 0.0044 | 0.0052 | 0.0061 | 0.0073 |
| 60 | 0.0042 | 0.0052 | 0.0063 | 0.0073 | 0.0087 |
| 70 | 0.0049 | 0.0061 | 0.0073 | 0.0085 | 0.0102 |
| 80 | 0.0056 | 0.0070 | 0.0084 | 0.0097 | 0.0116 |
| 90 | 0.0063 | 0.0078 | 0.0094 | 0.0110 | 0.0131 |
| 100 | 0.0070 | 0.0087 | 0.0104 | 0.0122 | 0.0145 |
| 110 | 0.0077 | 0.0096 | 0.0115 | 0.0134 | 0.0160 |
| 120 | 0.0084 | 0.0104 | 0.0125 | 0.0146 | 0.0174 |
| 130 | 0.0090 | 0.0113 | 0.0136 | 0.0158 | 0.0189 |
| 140 | 0.0097 | 0.0122 | 0.0146 | 0.0171 | 0.0203 |
| 150 | 0.0104 | 0.0131 | 0.0157 | 0.0183 | 0.0218 |

| 材长:5.8 m | 锯材材积表 | | | | 单位:m³ |
|---|---|---|---|---|---|
| 材厚<br>材宽 | 12 | 15 | 18 | 21 | 25 |
| 160 | 0.0111 | 0.0139 | 0.0167 | 0.0195 | 0.0232 |
| 170 | 0.0118 | 0.0148 | 0.0177 | 0.0207 | 0.0247 |
| 180 | 0.0125 | 0.0157 | 0.0188 | 0.0219 | 0.0261 |
| 190 | 0.0132 | 0.0165 | 0.0198 | 0.0231 | 0.0276 |
| 200 | 0.0139 | 0.0174 | 0.0209 | 0.0244 | 0.0290 |
| 210 | 0.0146 | 0.0183 | 0.0219 | 0.0256 | 0.0305 |
| 220 | 0.0153 | 0.0191 | 0.0230 | 0.0268 | 0.0319 |
| 230 | 0.0160 | 0.0200 | 0.0240 | 0.0280 | 0.0334 |
| 240 | 0.0167 | 0.0209 | 0.0251 | 0.0292 | 0.0348 |
| 250 | 0.0174 | 0.0218 | 0.0261 | 0.0305 | 0.0363 |
| 260 | 0.0181 | 0.0226 | 0.0271 | 0.0317 | 0.0377 |
| 270 | 0.0188 | 0.0235 | 0.0282 | 0.0329 | 0.0392 |
| 280 | 0.0195 | 0.0244 | 0.0292 | 0.0341 | 0.0406 |
| 290 | 0.0202 | 0.0252 | 0.0303 | 0.0353 | 0.0421 |
| 300 | 0.0209 | 0.0261 | 0.0313 | 0.0365 | 0.0435 |

| 材长:5.8m | | 锯材材积表 | | | 单位:m³ |
|---|---|---|---|---|---|
| 材厚<br>材宽 | 30 | 40 | 50 | 60 | 70 |
| 50 | 0.0087 | 0.0116 | 0.0145 | 0.0174 | 0.0203 |
| 60 | 0.0104 | 0.0139 | 0.0174 | 0.0209 | 0.0244 |
| 70 | 0.0122 | 0.0162 | 0.0203 | 0.0244 | 0.0284 |
| 80 | 0.0139 | 0.0186 | 0.0232 | 0.0278 | 0.0325 |
| 90 | 0.0157 | 0.0209 | 0.0261 | 0.0313 | 0.0365 |
| 100 | 0.0174 | 0.0232 | 0.0290 | 0.0348 | 0.0406 |
| 110 | 0.0191 | 0.0255 | 0.0319 | 0.0383 | 0.0447 |
| 120 | 0.0209 | 0.0278 | 0.0348 | 0.0418 | 0.0487 |
| 130 | 0.0226 | 0.0302 | 0.0377 | 0.0452 | 0.0528 |
| 140 | 0.0244 | 0.0325 | 0.0406 | 0.0487 | 0.0568 |
| 150 | 0.0261 | 0.0348 | 0.0435 | 0.0522 | 0.0609 |

**锯材材积表**

| 材宽\材厚 | 30 | 40 | 50 | 60 | 70 |
|---|---|---|---|---|---|
| 160 | 0.0278 | 0.0371 | 0.0464 | 0.0557 | 0.0650 |
| 170 | 0.0296 | 0.0394 | 0.0493 | 0.0592 | 0.0690 |
| 180 | 0.0313 | 0.0418 | 0.0522 | 0.0626 | 0.0731 |
| 190 | 0.0331 | 0.0441 | 0.0551 | 0.0661 | 0.0771 |
| 200 | 0.0348 | 0.0464 | 0.0580 | 0.0696 | 0.0812 |
| 210 | 0.0365 | 0.0487 | 0.0609 | 0.0731 | 0.0853 |
| 220 | 0.0383 | 0.0510 | 0.0638 | 0.0766 | 0.0893 |
| 230 | 0.0400 | 0.0534 | 0.0667 | 0.0800 | 0.0934 |
| 240 | 0.0418 | 0.0557 | 0.0696 | 0.0835 | 0.0974 |
| 250 | 0.0435 | 0.0580 | 0.0725 | 0.0870 | 0.1015 |
| 260 | 0.0452 | 0.0603 | 0.0754 | 0.0905 | 0.1056 |
| 270 | 0.0470 | 0.0626 | 0.0783 | 0.0940 | 0.1096 |
| 280 | 0.0487 | 0.0650 | 0.0812 | 0.0974 | 0.1137 |
| 290 | 0.0505 | 0.0673 | 0.0841 | 0.1009 | 0.1177 |
| 300 | 0.0522 | 0.0696 | 0.0870 | 0.1044 | 0.1218 |

材长:6.0m　　　　　　　　　**锯材材积表**　　　　　　　　单位:m³

| 材厚 / 材宽 | 12 | 15 | 18 | 21 | 25 |
|---|---|---|---|---|---|
| 50 | 0.0036 | 0.0045 | 0.0054 | 0.0063 | 0.0075 |
| 60 | 0.0043 | 0.0054 | 0.0065 | 0.0076 | 0.0090 |
| 70 | 0.0050 | 0.0063 | 0.0076 | 0.0088 | 0.0105 |
| 80 | 0.0058 | 0.0072 | 0.0086 | 0.0101 | 0.0120 |
| 90 | 0.0065 | 0.0081 | 0.0097 | 0.0113 | 0.0135 |
| 100 | 0.0072 | 0.0090 | 0.0108 | 0.0126 | 0.0150 |
| 110 | 0.0079 | 0.0099 | 0.0119 | 0.0139 | 0.0165 |
| 120 | 0.0086 | 0.0108 | 0.0130 | 0.0151 | 0.0180 |
| 130 | 0.0094 | 0.0117 | 0.0140 | 0.0164 | 0.0195 |
| 140 | 0.0101 | 0.0126 | 0.0151 | 0.0176 | 0.0210 |
| 150 | 0.0108 | 0.0135 | 0.0162 | 0.0189 | 0.0225 |

| 材长:6.0 m | | 锯材材积表 | | | 单位:m³ |
|---|---|---|---|---|---|
| 材宽 \ 材厚 | 12 | 15 | 18 | 21 | 25 |
| 160 | 0.0115 | 0.0144 | 0.0173 | 0.0202 | 0.0240 |
| 170 | 0.0122 | 0.0153 | 0.0184 | 0.0214 | 0.0255 |
| 180 | 0.0130 | 0.0162 | 0.0194 | 0.0227 | 0.0270 |
| 190 | 0.0137 | 0.0171 | 0.0205 | 0.0239 | 0.0285 |
| 200 | 0.0144 | 0.0180 | 0.0216 | 0.0252 | 0.0300 |
| 210 | 0.0151 | 0.0189 | 0.0227 | 0.0265 | 0.0315 |
| 220 | 0.0158 | 0.0198 | 0.0238 | 0.0277 | 0.0330 |
| 230 | 0.0166 | 0.0207 | 0.0248 | 0.0290 | 0.0345 |
| 240 | 0.0173 | 0.0216 | 0.0259 | 0.0302 | 0.0360 |
| 250 | 0.0180 | 0.0225 | 0.0270 | 0.0315 | 0.0375 |
| 260 | 0.0187 | 0.0234 | 0.0281 | 0.0328 | 0.0390 |
| 270 | 0.0194 | 0.0243 | 0.0292 | 0.0340 | 0.0405 |
| 280 | 0.0202 | 0.0252 | 0.0302 | 0.0353 | 0.0420 |
| 290 | 0.0209 | 0.0261 | 0.0313 | 0.0365 | 0.0435 |
| 300 | 0.0216 | 0.0270 | 0.0324 | 0.0378 | 0.0450 |

材长:6.0 m　　　　　　　　**锯材材积表**　　　　　　　　单位:m³

| 材宽＼材厚 | 30 | 40 | 50 | 60 | 70 |
|---|---|---|---|---|---|
| 50 | 0.0090 | 0.0120 | 0.0150 | 0.0180 | 0.0210 |
| 60 | 0.0108 | 0.0144 | 0.0180 | 0.0216 | 0.0252 |
| 70 | 0.0126 | 0.0168 | 0.0210 | 0.0252 | 0.0294 |
| 80 | 0.0144 | 0.0192 | 0.0240 | 0.0288 | 0.0336 |
| 90 | 0.0162 | 0.0216 | 0.0270 | 0.0324 | 0.0378 |
| 100 | 0.0180 | 0.0240 | 0.0300 | 0.0360 | 0.0420 |
| 110 | 0.0198 | 0.0264 | 0.0330 | 0.0396 | 0.0462 |
| 120 | 0.0216 | 0.0288 | 0.0360 | 0.0432 | 0.0504 |
| 130 | 0.0234 | 0.0312 | 0.0390 | 0.0468 | 0.0546 |
| 140 | 0.0252 | 0.0336 | 0.0420 | 0.0504 | 0.0588 |
| 150 | 0.0270 | 0.0360 | 0.0450 | 0.0540 | 0.0630 |

| 材长:6.0 m | | 锯材材积表 | | | 单位:m³ |
|---|---|---|---|---|---|
| 材宽＼材厚 | 30 | 40 | 50 | 60 | 70 |
| 160 | 0.0288 | 0.0384 | 0.0480 | 0.0576 | 0.0672 |
| 170 | 0.0306 | 0.0408 | 0.0510 | 0.0612 | 0.0714 |
| 180 | 0.0324 | 0.0432 | 0.0540 | 0.0648 | 0.0756 |
| 190 | 0.0342 | 0.0456 | 0.0570 | 0.0684 | 0.0798 |
| 200 | 0.0360 | 0.0480 | 0.0600 | 0.0720 | 0.0840 |
| 210 | 0.0378 | 0.0504 | 0.0630 | 0.0756 | 0.0882 |
| 220 | 0.0396 | 0.0528 | 0.0660 | 0.0792 | 0.0924 |
| 230 | 0.0414 | 0.0552 | 0.0690 | 0.0828 | 0.0966 |
| 240 | 0.0432 | 0.0576 | 0.0720 | 0.0864 | 0.1009 |
| 250 | 0.0450 | 0.0600 | 0.0750 | 0.0900 | 0.1050 |
| 260 | 0.0468 | 0.0624 | 0.0780 | 0.0936 | 0.1092 |
| 270 | 0.0486 | 0.0648 | 0.0810 | 0.0972 | 0.1134 |
| 280 | 0.0504 | 0.0672 | 0.0840 | 0.1008 | 0.1176 |
| 290 | 0.0522 | 0.0696 | 0.0870 | 0.1044 | 0.1218 |
| 300 | 0.0540 | 0.0720 | 0.0900 | 0.1080 | 0.1260 |